中国政法大学
环境资源法研究和服务中心
宣讲参考用书

生态环境保护
健康维权普法
丛书

Environment
Protection
and
Health

噪声污染与健康维权

▶ 王灿发 汤海清 主编 ◀

中国 · 武汉

图书在版编目（CIP）数据

噪声污染与健康维权 / 王灿发，汤海清主编. -- 武汉：华中科技大学出版社，2020.1

（生态环境保护健康维权普法丛书）

ISBN 978-7-5680-5692-2

Ⅰ. ①噪…　Ⅱ. ①王…　②汤…　Ⅲ. ①环境噪声—噪声控制　②环境噪声—环境保护法—研究—中国　Ⅳ. ①TB535　②D922.683.4

中国版本图书馆CIP数据核字（2019）第216667号

噪声污染与健康维权
Zaosheng Wuran yu Jiankang Weiquan

王灿发　汤海清　主编

策划编辑：郭善珊
责任编辑：李　静
封面设计：贾　琳
责任校对：梁大钧
责任监印：徐　露
出版发行：华中科技大学出版社（中国·武汉）　电话：（027）81321913
武汉市东湖新技术开发区华工科技园　邮编：430223
录　　排：北京欣怡文化有限公司
印　　刷：北京富泰印刷有限责任公司
开　　本：880mm × 1230mm　1/32
印　　张：5.5
字　　数：142千字
版　　次：2020年1月第1版　2020年1月第1次印刷
定　　价：39.00元

撰稿人：汤海清　朱永锐　郑远超　王　贺　赵胜彪

序　言

随着我国人民群众的生活水准越来越高，每个人对自身的健康问题也越来越关注。除了通过体育锻炼增强体质和合理安全的饮食保持健康以外，近年来人们越来越关注环境质量对人体健康的影响，甚至有些人因为环境污染导致的健康损害而与排污者对簿公堂。然而，环境健康维权，无论是国内还是国外，都并非易事。著名的日本四大公害案件，公害受害者通过十多年的抗争，才得到赔偿，甚至直到现在还有人为被认定为公害受害者而抗争。

我国现在虽然有了一些环境侵权损害赔偿的立法规定，但由于没有专门的环境健康损害赔偿的专门立法，污染受害者在进行环境健康维权时仍然是困难重重。我们组织编写的这套环境健康维权丛书，从我国污染受害者的现实需要出发，除了向社会公众普及环境健康维权的基本知识外，还包括财产损害、生态损害赔偿的法律知识和方法、途径，甚至还包括环境刑事案件的办理。丛书的作者，除了有长期从事环境法律研究和民事侵权研究的法律专家外，还有一些环境科学和环境医学的专家。丛书的内容特别注意了基础性、科学性、实用性，是公众和专业律师进行环境健康维权的好帮手。

环境污染，除了可能会引起健康损害赔偿等民事责任，也可能承担行政责任，甚至是刑事责任。衷心希望当事人和相关主体采取“健康”的方式，即合法、理性的方法维护相关权益。

虽然丛书的每位作者和出版社编辑都尽了自己的最大努力，力求把丛书打造成环境普法的精品，但囿于各位作者的水平和资料收集的局限，其不足之处在所难免，敬请读者批评指正，以便再版时修改完善。

王灿发

2019 年 6 月 5 日于杭州东站

编者说明

一、什么是噪声污染

噪声污染也叫环境噪声污染，是指所产生的环境噪声超过国家规定的环境噪声排放标准，并干扰他人正常生活、工作和学习的现象。

环境噪声是指在工业生产、建筑施工、交通运输和社会生活中所产生的干扰周围生活环境的声音。环境噪声包括工业噪声、建筑施工噪声、交通运输噪声和社会生活噪声。工业噪声是指在工业生产活动中使用固定的设备时产生的干扰周围生活环境的声音。在城市范围内向周围生活环境排放工业噪声的，应当符合国家规定的《工业企业厂界环境噪声排放标准》。建筑施工噪声是指在建筑施工过程中产生的干扰周围生活环境的声音。在城市市区范围内向周围生活环境排放建筑施工噪声的，应当符合国家规定的《建筑施工场界环境噪声排放标准》。交通运输噪声是指机动车辆、铁路机车、机动船舶、航空器等交通运输工具，在运行时所产生的干扰周围生活环境的声音。社会生活噪声是指人为活动所产生的除工业噪声、建筑施工噪声和交通运输噪声之外的干扰周围生活环境的声音。

二、噪声污染的危害

噪声污染会危害人的身心健康，给公民财产造成损失，引发社会矛盾，影响社会稳定。

（一）噪声污染会对人的身心健康造成危害

噪声污染对人的身心健康的危害，表现在会损害视力、影响睡眠、干扰语言交流、损伤听觉，还可能引起心绪不宁、心情紧张、心跳加快和血压增高等多种症状。

1981 年，在美国发生过一起著名的噪声公害事件。在一场现代派露天音乐会上，当震耳欲聋的音乐响起后，有 300 多名观众突然失去知觉、昏迷不醒，100 余辆救护车到现场抢救。

（二）噪声污染造成公民财产损失

最高人民法院发布的环境侵权典型案例中，其中一例是某公司在施工期间产生噪声，导致临近养殖场蛋鸡大量死亡的诉讼案件，最终被告某公司被判赔偿原告 45 万余元。

（三）噪声污染易引发社会矛盾，影响社会稳定

2013 年 9 月 14 日 19 时 34 分，在洛阳市，被害人李 A 打电话报警称被告人李 B 噪声扰民，后民警到现场对李 B 进行了批评教育。民警离开后，李 B 又回到小区与李 A 发生口角，争执中李 B 拿出随身携带的水果刀，在李 A 的心脏部位刺了一刀，李 A 被送往医院抢救，最终抢救无效死亡，李 B 因犯故意杀人罪，被判处无期徒刑，剥夺政治权利终身。

三、本书主要法律内容

（一）民商事内容

结合噪声污染民商事案例，讲解与受害方如何维权、侵权人如何

救济相关的法律法规，包括相关的实体法规定和程序法规定，同时介绍相关的法理知识。

（二）行政内容

结合噪声污染行政案例，讲解与当事人如何维权、行政机关如何救济相关的法律法规，包括相关的实体法规定和程序法规定，同时介绍相关的法理知识。

（三）刑事内容

结合噪声污染的刑事案例，讲解与受害方如何维权、嫌疑人及被告人如何救济相关的法律法规，包括相关的实体法规定和程序法规定，同时介绍相关的法理知识。

四、本书目的

本书从法律、健康的角度，介绍和噪声污染相关的法律和健康知识，加强读者对噪声污染及危害的认识，学习相关的法律知识，提高生态环境维权的法律意识，从而实现保护生态环境、保护健康、依法维权的目的。

这里的“健康维权”，有两层含义：

一是保护什么，用什么方法保护。不但要保护公民的健康权、生命权、财产权，而且要依法保护，于法有据，用“健康”的方式维权。

二是保护谁，维护谁的权。不仅仅是保护受害方的合法权益，也要维护侵权人、被告人、嫌疑人，甚至罪犯的合法权益。

目录

第一部分　民事篇

案例一　跑步机噪声过大，邻居不满起纠纷

一、引子和案例

（一）案例简介

本案是因为健身所产生的噪声引起的。

苏某（原告）与任某（被告）同住一栋楼内，是上下楼邻居。苏某居住在任某家楼下。任某常使用跑步机锻炼身体，震动噪声较大。苏某认为任某的锻炼严重影响了自己的身体健康及正常生活，且造成所居住的房屋剧烈震动，遂起诉到法院，要求任某停止使用健身机器。在审理期间，苏某再次向法院提起诉讼，声称任某在楼上做健身运动时，噪声特别大，苏某开始是恶心、心慌、想吐，后来发展到浑身发抖，手抖得特别厉害，甚至产生了房颤症状，给苏某身体和精神造成了极大的伤害，要求任某赔偿治疗费 763 元、房屋修理费 200 元、精神损失费 19,037 元，共计 2 万元。

任某辩称：苏某起诉书中的内容与事实不符，自己所用的器械不是用于健身而是给老人治病的。另外，苏某从医院开具的证明证实原告有风湿性心脏病，说明任某使用机器对原告有影响，但不能说明任某使用机器引发了原告的风湿性心脏病。原告主张的各项民事赔偿请

求没有法律依据，故不同意原告的诉讼请求。

一审判决认为，关于原告所述治疗费、房屋修理费及其心脏病是由于被告人使用健身器材造成等问题，均未向法院提供相应证据，故不予认定。原告要求赔偿治疗费、房屋修理费、精神损失费及今后的就医费用，法院不予支持。判决驳回原告的诉讼请求。

苏某对一审判决不服提起上诉。

（二）裁判结果

二审法院认为，在原审法院另案的苏某起诉任某排除妨碍的案件审理期间，经委托有权机关对任某所使用器械的震动及噪声已做出监测报告，其所使用的器械确实会使居于楼下的苏某产生烦躁的情绪，且任某的器械经另案处理不得继续使用，故可证实任某使用健身器械已给苏某造成一定的精神损害，因此，对苏某的损害结果，任某应给予适当的补偿，所以，二审酌情判决任某给付苏某2,000元精神损失费。

与案例相关的问题：

侵权导致健康、财产损害时，受害人有什么救济途径？

当事人是否有责任对自己的主张提供证据？

当事人是否应及时提供证据？

环境污染侵权中，证明行为与损害之间是否存在因果关系的责任由哪方承担？

当事人是否可以就查明事实的专门性问题向人民法院申请鉴定？

民事诉讼二审的裁判有几种结果？

二、相关知识

问：侵权导致健康、财产损害时，受害人有什么救济途径？

答：本案的原告苏某因受到社会生活噪声污染起诉被告。社会生活噪声是指人为活动所产生的除工业噪声、建筑施工噪声和交通运输噪声之外的干扰周围生活环境的声音。

公民和其他法律主体遭遇噪声侵权时，可以通过行政或民事途径依法进行维权。

首先，可以通过行政途径，向环保执法或行政执法机关举报，由相关执法机关立案查处，依法制止侵权行为。

其次，被侵权人可以依照《中华人民共和国侵权责任法》请求侵权人承担侵权责任。承担侵权责任的方式主要有停止侵害；排除妨碍；消除危险；返还财产；恢复原状；赔偿损失；赔礼道歉；消除影响、恢复名誉。

侵害他人造成人身损害的，应当赔偿医疗费、护理费、交通费等为治疗和康复支出的合理费用，以及因误工减少的收入。造成残疾的，还应当赔偿残疾生活辅助具费和残疾赔偿金。造成死亡的，还应当赔偿丧葬费和死亡赔偿金。

三、与案件相关的法律问题

（一）学理知识

问：当事人是否有责任对自己的主张提供证据？

答：依据《中华人民共和国民事诉讼法》的规定，当事人对自己提出的主张，有责任提供证据。当事人及其诉讼代理人，因客观原因不能自行收集的证据，或者人民法院认为审理案件需要的证据，人民法院应当调查收集。

问：当事人是否应及时提供证据？

答：当事人对自己提出的主张应当及时提供证据。本案中，一审阶段由于原告没有及时提交证据，因此败诉。

依据《中华人民共和国民事诉讼法》的规定，人民法院根据当事人的主张和案件审理情况，确定当事人应当提供的证据及其期限。当事人在该期限内提供证据确有困难的，可以向人民法院申请延长期限，人民法院根据当事人的申请适当延长。当事人逾期提供证据的，人民法院应当责令其说明理由；拒不说明理由或者理由不成立的，人民法院根据不同情形可以不予采纳该证据，或者采纳该证据但予以训诫、罚款。

问：环境污染侵权中，证明行为与损害之间是否存在因果关系的责任由哪方承担？

答：依据《中华人民共和国侵权责任法》和《中华人民共和国民事诉讼法》等法律规定，因污染环境发生纠纷，污染者应当就法律规定的不承担责任或者减轻责任的情形及其行为与损害之间不存在因果关系承担举证责任。

问：当事人是否可以就查明事实的专门性问题向人民法院申请鉴定？

答：当事人可以就查明事实的专门性问题向人民法院申请鉴定。当事人申请鉴定的，由双方当事人协商确定具备资格的鉴定人；协商不成的，由人民法院指定。

当事人未申请鉴定，人民法院对专门性问题认为需要鉴定的，应当委托具备资格的鉴定人进行鉴定。

因噪声环境污染案件的特殊性，一般情况下，为确认侵权事实存在，增加胜诉概率，有必要对涉案相关事实进行鉴定。

问：民事诉讼二审的裁判有几种结果？

答：二审程序是指上一级法院根据当事人的上诉，对下级法院作出的没有发生法律效力的第一审裁判进行审理和裁判的程序。民事诉讼二审的裁判结果有以下几种情况：

1. 原判决认定事实清楚、适用法律正确的，判决驳回上诉，维持原判决；

2. 原判决适用法律错误的，依法改判；

3. 原判决认定事实错误，或者原判决认定事实不清、证据不足，裁定撤销原判决，发回原审人民法院重审，或者查清事实后改判；

4. 原判决违反法定程序，可能影响案件正确判决，裁定撤销原判决，发回原审人民法院重审。当事人对重审案件的判决、裁定，可以上诉。

本案属于原判决认定事实错误，或者原判决认定事实不清、证据不足，裁定撤销原判决，发回原审人民法院重审，或者查清事实后改判的情形。

（二）法院裁判的理由

本案涉及的法律问题是任某使用健身器材使住在楼下的苏某产生烦躁情绪是否造成侵权，如构成侵权，是否应当承担精神损害赔偿后果。本案一审阶段原告败诉，败诉主要原因是苏某所述治疗费、房屋修理费及其心脏病是由于被告人使用器械造成的相应证据没有向法院提供。

二审判决部分支持了原告的诉讼请求，主要是在事实认定和法律适用上均有了新的突破，新证据可以证明侵权事实存在。原告依法享有居住环境的安宁权，依据《最高人民法院关于确定民事侵权精神损害赔偿责任若干问题的解释》规定，“违反社会公共利益、社会公德侵害他人隐私或者其他人格利益，受害人以侵权为由向人民法院起诉请求赔偿精神损害的，人民法院应当依法予以受理”。

（三）法院裁判的法律依据

《中华人民共和国民法总则》

第一百七十六条　民事主体依照法律规定和当事人约定，履行民事义务，承担民事责任。

第一百七十九条　承担民事责任的方式主要有：

（一）停止侵害；

（二）排除妨碍；

（三）消除危险；

（四）返还财产；

（五）恢复原状；

（六）修理、重作、更换；

（七）继续履行；

（八）赔偿损失；

（九）支付违约金；

（十）消除影响、恢复名誉；

（十一）赔礼道歉。

法律规定惩罚性赔偿的，依照其规定。

本条规定的承担民事责任的方式，可以单独适用，也可以合并适用。

《中华人民共和国侵权责任法》

第六十五条　因污染环境造成损害的，污染者应当承担侵权责任。

第十五条　承担侵权责任的方式主要有：

（一）停止侵害；

（二）排除妨碍；

（三）消除危险；

（四）返还财产；

（五）恢复原状；

（六）赔偿损失；

（七）赔礼道歉；

（八）消除影响、恢复名誉。

以上承担侵权责任的方式，可以单独适用，也可以合并适用。

第二十一条　侵权行为危及他人人身、财产安全，被侵权人可以请求侵权人承担停止侵害、排除妨碍、消除危险等侵权责任。

第六十六条　因污染环境发生纠纷，污染者应当就法律规定的不承担责任或者减轻责任的情形及其行为与损害之间不存在因果关系承担举证责任。

《中华人民共和国环境噪声污染防治法》

第四十六条　使用家用电器、乐器或者进行其他家庭室内娱乐活动时，应当控制音量或者采取其他有效措施，避免对周围居民造成环境噪声污染。

第六十一条　受到环境噪声污染危害的单位和个人，有权要求加害人排除危害；造成损失的，依法赔偿损失。

《最高人民法院关于确定民事侵权精神损害赔偿责任若干问题的解释》：

第一条第二款　违反社会公共利益、社会公德侵害他人隐私或者其他人格利益，受害人以侵权为由向人民法院起诉请求赔偿精神损害的，人民法院应当依法予以受理。

（四）上述案例的启示

民事诉讼法规定了当事人的上诉权，即当事人不服地方法院第一审判决的，有权在判决书送达之日起十五日内向上一级法院提起上诉。

当事人不服地方法院第一审裁定的，有权在裁定书送达之日起十日内向上一级法院提起上诉。

本案中的原告就是用上诉权通过第二审程序维护了自身的合法权益。

二审程序是指上一级法院根据当事人的上诉，对下级法院作出的没有发生法律效力的第一审裁判进行审理和裁判的程序。如果当事人不上诉，就不会引起第二审程序。

第二审程序有利于切实保障当事人的合法权益。有利于上级法院监督和指导下级法院的审判工作，保证办案质量，保证法院审判权的正确行使。

本案当事人通过第二审程序维护其自身的合法权益的做法，对其他当事人也有启示，要充分行使法律赋予的诉讼权利。

案例二　高速公路噪声大，附近邻居要赔偿

一、引子和案例

（一）案例简介

该案是因为高速公路的噪声污染而引起的。

赵A、沈某、赵B、殷某（以下简称：赵A等人）的住房位于某市某村某组，1997年1月，经政府有关部门批准翻建成楼房。

2005年6月，某市绕城高速公路建成通车，由绕城高速公司（被告）经营管理。

赵A等人的楼房北面与某市绕城高速公路桥梁仅隔17米，刺眼的车辆灯光、噪声严重影响赵A等人的生活，为此他们向相关部门反映，后绕城高速公司在部分路段安装了隔声屏障，但随着车流量的急剧攀升，噪声污染未得到改善。

赵A等人委托专业机构对噪声进行检测，检测结果为白天噪声接近国家规定的《声环境质量标准》（GB 3096−2008），夜间噪声超过国家规定的《声环境质量标准》（GB 3096−2008）8.4dB(分贝)（房屋东西平均值），在绕城高速公司未安装隔声屏前，其噪声污染远远超过现有检测标准。

赵 A 等人认为其房屋建造在前，绕城高速公路通车后的噪声排放处于持续状态，给他们的正常生活造成严重影响。绕城高速公司作为某市绕城高速公路的管理者、经营者，有责任采取措施减少交通给赵某等人造成的相关损害，并赔偿因此造成的损失，还他们一个安宁的生活居住环境。

赵 A 等人起诉至法院，请求法院依法判决绕城高速公司将噪声排放降至国家《声环境质量标准》（GB 3096–2008）以下；判决绕城高速公司赔偿赵 A、沈某、赵 B、殷某各噪声污染损失费 45.24 万元（自 2005 年 6 月 1 日至绕城高速公司把噪声排放降至规定标准以下之日止，暂计至 2015 年 6 月）；判决绕城高速公司承担检测费 1,500 元；由绕城高速公司承担本案诉讼费用。

绕城高速公司原审辩称：赵 A 等诉请无事实和法律依据。1. 绕城高速公司并非绕城高速公路的建设方，只是负责绕城高速公路的运行管理和道路养护，政府建设的公路通车后分别由运营管理公司、交警和路政三方进行管理。2. 赵某等人诉称的噪声污染主要由于其房屋距离绕城高速公路较近造成，但又未在当时规定的拆迁范围内，根据当时的征地拆迁实施细则的通知规定，房屋拆迁范围应控制在距离路基两侧用地界桩各 4 米（含 4 米）以内，4 米以外不属于拆迁范围。3. 作为通车后的运营管理和道路养护单位，绕城高速公司已经尽到了管理职责，在赵 A 等人房屋所在地段安装了 730 米的隔声屏障，并采取了限速等其他措施。4. 赵 A 等人要求的损害赔偿无事实依据和法律依据，没有证据证明其因噪声导致的损害后果的产生。5. 绕城高速公路自 2005 年通车，刚开始车流量不大，只是最近几年车流量有较大增长，不能从通车之日起计算赔偿损失。6. 某省环境科学研究院擅自委托第三方进行现场检测，违反法律程序，对检测报告不认可。综上，请求法院驳回赵某等人的诉讼请求。

一审法院经过审理判决：1. 被告于本判决生效之日起二个月内采用修建隔声墙或其他有效控制环境噪声的措施将赵 A 等人居住的房屋夜间室外噪声降到 55 分贝以下。2. 被告于本判决生效之日起十日内赔偿赵 A 等人因噪声污染所造成的损失，按照每人每月 60 元的标准给付至第一款履行之日完毕止。3. 被告于本判决生效之日起十日内支付赵 A 等人检测费 1,500 元。一审案件受理费 8,108 元，适用简易程序减半收取 4,054 元，由赵 A 等人负担 3,773 元，绕城高速公司负担 281 元。鉴定费 6 万元，由绕城高速公司负担。绕城高速公司应负担部分于判决生效之日起十日内直接支付给赵 A 等人。

绕城高速公司不服，提出上诉，理由如下：1. 一审法院认定上诉人是本案责任主体错误。根据《中华人民共和国环境噪声污染防治法》的相关规定，本案承担责任的主体应为某市绕城高速公路的建设方，而上诉人是绕城高速公路建成后的管理单位。本案噪声污染、噪声超标的主要原因是距离过近，这是建设方的原因，也是拆迁的历史遗留问题。被上诉人不应当成为本案的责任主体。2. 没有损坏后果，一审法院判决上诉人承担赔偿责任错误。本案审理中，被上诉人从未向法庭举证证明其因高速公路噪声导致的损害后果。没有损害后果，即使存在噪声超标，也不存在赔偿问题。3. 一审法院认定赔偿期限从绕城高速公路通车开始计算错误。涉案路段 2005 年开通以来，最初几年，车流量不大，只是在 2012 年后流量才有较大幅度提高，所以一审法院从该路段开通时来计算赔偿期限对上诉人显然不公。4. 一审法院关于“修建隔声墙或其他有效控制环境噪声的措施将赵 A 等人居住的房屋夜间室外噪声降到 55 分贝以下”的判决，缺少操作性，实际很难执行。5. 某省环境科学研究院擅自委托第三方进行检测，违反相关法律程序，对其出具的检测报告不予认可。某省环境科学研究院要求支付 6 万元鉴定费，明显违反市场价，属于乱收费等。综上，请求撤销一审判决，驳回赵A等人的诉讼请求。

被上诉人赵A等人二审答辩称：1.一审法院对本案事实认定清楚，适用法律正确，我方没有异议；2.关于噪声与车流量的关系，我方认为噪声检测是以时间段的最高音为标准，车流量的多少与噪声的最高音没有直接关系。请求驳回上诉人的上诉请求，维持原判。

（二）裁判结果

二审法院经过审理判决：1.维持一审民事判决主文第一项、第三项；2.撤销一审民事判决第二项；3.上诉人绕城高速公司于本判决生效之日起十日内赔偿赵A等人因噪声污染所造成的损失，按照每人每月60元的标准计算，至采用修建隔声墙或其他有效控制环境噪声的措施将赵A等人居住的房屋夜间室外噪声降到55分贝以下之日止（赵A、沈某、赵B的噪声污染损失自2013年9月9日起计算，殷某的噪声污染损失自2013年11月26日起计算）。如果未按本判决指定的期间履行给付金钱义务，加倍支付迟延履行期间的债务利息。一审案件受理费8,108元，适用简易程序减半收取4,054元，鉴定费6万元，合计64,054元，由赵A等人负担405元，绕城高速公司负担63,649元。二审案件受理费8,108元，由赵A等人负担810元，由绕城高速公司负担7,298元。

（三）与案例相关的问题：

什么是生活安宁权？

什么是举证责任分配？

什么是上诉？

提起上诉应符合哪些法定条件？

上诉状应当包括哪些内容？提起上诉的途径有哪些？

二、相关知识

问：什么是生活安宁权？

答：所谓生活安宁权是指自然人依法享有的维持安稳宁静的私人生活状态，并排除他人不法侵扰的具体人格权。比如行为人的噪声、烟尘、震动、臭气、烟气、灰屑、光、无线电波或放射性问题等会侵害他人的生活安宁权。

生活安宁权侵权责任应该具备的要件：行为人实施了侵害他人生活安宁权的行为；受害人遭受到损害；侵权人的行为与损害结果之间有因果关系等。

本案中赵A等人受到侵害的权益既不是财产权，又不是人身权，而是享受安宁生活环境的权利，即安宁权，这样的权利无疑是环境权的不可分割的组成部分，保护这样的权利是环境权完整性的内在要求。法院判令被告赔偿原告所受的“噪声污染损失”，显然是精神损害，而非其他。

随着社会的发展和文明的进步，人们越来越重视精神权利的价值，重视精神创伤和痛苦对人格利益的损害。公民人身权利遭受侵害，在造成财产损失的同时，必然会造成精神上的创伤。对这种损害的平复和填补，是人身损害赔偿制度的必然延伸。在环境侵权中引入精神损害赔偿，还有一个特殊的原因，就是有不少权利的损害（如采光权、通风权等）很难归类于财产损害或人身损害，而将其归于精神损害，有利于及时有效地保护受害人权益。为保护受害人的合法权益，许多国家在环境保护程序法上采取了举证责任倒置的原则。

三、与案件相关的法律问题

（一）学理知识

问：什么是举证责任分配？

答：举证责任分配是指按照法律规定和举证时限的要求，当事人对哪些证据要承担举证责任的分配原则规则。

在庭审中，凡主张权利或法律关系存在的当事人，应对产生权利或法律关系的存在承担举证责任；凡主张已发生权利或法律关系变更或消灭的当事人，应对存在变更或消灭的事实承担举证责任。

当事人对自己提出的诉讼请求所依据的事实或者反驳对方诉讼请求所依据的事实，有责任提供证据加以证明。

没有证据或者证据不足以证明当事人的事实主张的，由负有举证责任的当事人承担不利后果。

问：什么是上诉？

答：所谓上诉是指当事人不服第一审法院的判决或裁定，在法定期限内依法向上一级人民法院提出，对上诉事项进行审理的诉讼行为。

问：提起上诉应符合哪些法定条件？

答：提起上诉应符合下列法定条件：

1. 有法定的上诉对象，即可以提起上诉的判决和裁定。

可以提起上诉的判决包括地方各级人民法院适用普通程序和简易程序审理后作出的第一审判决，第二审法院发回重审后的判决，以及按照第一审程序对案件再审作出的判决，但适用简易程序审理的小额案件实行一审终审，对其裁判不得提起上诉；

可以提起上诉的裁定包括不予受理的裁定、对管辖权有异议的裁定以及驳回起诉的裁定。

需要说明的是按非讼程序审理后作出的裁判、第二审法院的终审裁判以及最高人民法院的一审裁判，当事人都不能提起上诉。

2. 有合法的上诉人和被上诉人。

上诉人与被上诉人必须是参加第一审程序的诉讼当事人，包括第一审程序中的原告和被告、有独立请求权的第三人及一审法院判决承担民事责任的无独立请求权第三人。

对于上诉当事人的诉讼地位，按照下列情况确定：

（1）双方当事人和第三人都提起上诉的，皆为上诉人。

（2）必要共同诉讼的一人或部分人提出上诉的，应按下列情况分别处理：

①上诉请求只是对与对方当事人之间权利义务分担有意见，不涉及其他共同诉讼人利益的，对方当事人为被上诉人，未上诉的同一方当事人依原审诉讼地位列明；

②上诉请求只是对共同诉讼人之间的权利义务分担有意见，不涉及对方当事人利益的，未上诉的同一方当事人为被上诉人，对方当事人依原审诉讼地位列明；

③上诉对双方当事人之间以及共同诉讼人之间权利义务分担有意见的，没有提起上诉的其他当事人都为被上诉人。

3. 在法定期间内提起上诉。

根据《中华人民共和国民事诉讼法》第一百六十四条规定："当事人不服地方人民法院第一审判决的，有权在判决书送达之日起十五日内向上一级人民法院提起上诉。当事人不服地方人民法院第一审裁定的，有权在裁定书送达之日起十日内向上一级人民法院提起上诉。"上诉期间从判决书、裁定书送达之日起计算。诉讼参加人各自接收裁判文书的，从各自的起算日分别开始计算；任何一方的上诉期未满，裁判处于一种不确定状态，当事人可以上诉。只有当双方当事人的上诉期都届满后，双方都没有提起上诉的裁判才发生法律效力。

4. 必须提交上诉状。

当事人提起上诉时必须递交上诉状；一审宣判时或判决书、裁定书送达时，当事人口头表示上诉的，法院应当告知当事人在上诉期间内提交上诉状，没有在法定上诉期间提交上诉状的，视为没有上诉。虽然递交上诉状，但没有在指定的期限内交纳上诉费的，按自动撤回上诉处理。

问：上诉状应当包括哪些内容？提起上诉的途径有哪些？

答：上诉应当递交上诉状。上诉状的内容应当写明：

1. 当事人的姓名、法人的名称及其法定代表人的姓名或者其他组织的名称及其主要负责人的姓名；

2. 原审人民法院名称、案件的编号和案由；

3. 上诉的请求和理由。

上诉请求是上诉人提起上诉所要达到的目的；上诉的理由是上诉人提出上诉的根据，是上诉人向上诉法院对一审法院在认定事实和适用法律方面持有异议的全面陈述。

上诉状应当通过原审人民法院提出，并按照对方当事人或者代表人的人数提出副本。当事人直接向第二审人民法院上诉的，第二审法院应当在五日内将上诉状移交原审人民法院。

（二）法院裁判的理由

一审人民法院判决的主要理由：

第一，高速公路的所有人或管理人应依法承担赔偿责任，并采取相关措施将噪声降到国家标准。

一审法院认为，环境是人类生存和发展的基本条件，国家保护和改善人民的生活环境和生态环境。污染环境造成他人损害的，应当承担民事赔偿责任。

本案中赵A等人居住的房屋距离高速公路隔声屏障最近距离约12.5米，其噪声污染标准限制应当按照村庄或居民区的标准确定；赵A等人居住的房屋建造在前，绕城高速公路于2005年通车在后，司法鉴定报告结论显示，夜间环境噪声超过了国家规定的环境噪声排放标准，声环境遭到了严重的破坏，给赵A等人的日常生活造成了妨害，且该损害后果处于持续状态。

环境污染侵权实行举证责任倒置原则，绕城高速公司未能提供证据证明存在免责事由或行为与损害结果之间不存在因果关系，应依法承担赔偿责任。已安装的730米的隔声屏障措施仍显欠缺，不足以将交通噪声排放降至国家规定的标准以下。绕城高速公司应该采取有效措施，将噪声污染程度降至国家标准。

第二，以高速路通车的时间确定噪声污染损失数额的起算时间。

赵A等人未提供证据证实绕城高速公路的具体通车时间，考虑到绕城高速公司在庭审中自述绕城高速公路自2005年11月建成通车，故一审法院确定赵A、沈某、赵B的噪声污染损失自2005年11月1日起计算，殷某的噪声污染损失自其结婚登记之日，即2013年11月26日起计算，直到被告采取措施将噪声污染程度降至国家标准之日止。一审法院根据本案实际情况，法院酌定绕城高速公司赔偿赵A等人遭受噪声污染损失每人每月60元直至噪声排放达到国家标准以下之日止。赵A等人主张的检测费1,500元，因该费用系为举证而产生的合理费用，一审人民法院对此予以支持。

第三，不采纳被告关于交通噪声系逐年增加不能简单从高速公路开通就开始算起，及噪声检测过程不符合法律规定的意见。

关于绕城高速公司认为交通噪声系逐年增加，不能简单从头算起的意见，一审法院认为，绕城高速公司未提供公路通车时涉案房屋环境噪声污染不存在的相关证据，故对绕城高速公司的该意见不予采纳。

关于绕城高速公司认为某省环境科学研究院擅自委托第三方进行现场检测，违反法律程序的意见，一审法院认为，某省环境科学研究院接受本院委托后，与双方当事人沟通、联系，最终得到了双方当事人对噪声鉴定监测方案的签字认可，整个检测过程符合法律规定，对绕城高速公司的该意见亦不予采纳。

二审法院判决的主要理由：

第一，污染环境造成他人损害的，上诉人应当承担民事赔偿责任。

本案中，赵A等人居住的房屋坐落于某市绕城高速公路旁，经某省环境科学研究院司法鉴定，该房屋的夜间环境噪声超过了国家规定的环境噪声排放标准。

赵A等人生活在上述噪声污染地区，其正常的生活、休息受到来自交通运输噪声的干扰，绕城高速公司作为某市绕城高速公路的经营管理者，有责任采取措施减轻噪声对赵A等人生活、休息的影响，并对产生的损害后果承担赔偿责任。

第二,一审法院对证明责任的认识及举证责任分配不当，二审判决予以纠正。在被上诉人不能证明其诉请噪声损失，上诉人无法证实其辩称理由的情形下，应当首先由被上诉人承担举证不能的法律后果。涉案路段自2005年开通以来，最初几年，车流量不大，只是在2012年后流量才有较大幅度提高，所以一审法院从该路段开通时起来计算赔偿期限对上诉人显然不公。假如构成侵权，计算赔偿期限不能早于被上诉人首次投诉之日的2013年9月9日，不应当从通车之日起计算。《中华人民共和国民事诉讼法》第六十四条规定，“当事人对自己提出的主张，有责任提供证据”。被上诉人要求上诉人自某市绕城高速公路通车之日起承担赔偿责任，应当就主张的损失承担举证责任。

赵A、沈某、赵B的噪声污染损失从2013年9月9日起计算，殷某的噪声污染损失自其结婚登记日 2013 年 11 月 26 日起计算。二审中各方当事人对噪声赔偿标准未提出异议，法院予以认定。

第三，一审法院根据本案的实际情况及当事人的诉求，判令绕城高速公司排除妨害，并在噪声污染消除前以金钱的方式承担责任，并无不当。

对于上诉人主张的被上诉人从未向法庭举证证明其因高速公路噪声导致损害后果，以及涉案房屋夜间室外噪声降到 55 分贝以下缺少操作性的上诉理由，法院认为，赵 A、沈某、赵 B、殷某居住房屋的夜间环境噪声超过了国家规定的环境噪声排放标准，生活在上述噪声污染地区，其正常的生活、休息受到来自交通运输噪声的干扰，符合日常生活经验法则。上诉人作为绕城高速公路的管理者，有必要积极主动采取各种有效措施，消除涉案环境噪声污染。原审法院根据本案的实际情况及当事人的诉求，判令绕城高速公司排除妨害，并在噪声污染消除前以金钱的方式承担责任，并无不当。

第四，其他理由。上诉人主张某省环境科学研究院擅自委托第三方进行现场检测违反法律程序的上诉理由，缺少法律依据，二审法院不予采纳。上诉人认为某省环境科学研究院鉴定费过高，属于乱收费，该上诉理由不属于二审法院审查范围，不予理涉。

综上所述，上诉人的上诉理由部分成立，二审法院予以采纳。一审判决认定被上诉人的损失有误，予以纠正。

（三）法院裁判的法律依据

《中华人民共和国侵权责任法》

第六十五条　因污染环境造成损害的，污染者应当承担侵权责任。

第六十六条　因污染环境发生纠纷，污染者应当就法律规定的不承担责任或者减轻责任的情形及其行为与损害之间不存在因果关系承担举证责任。

《中华人民共和国环境噪声污染防治法》

第三十六条　建设经过已有的噪声敏感建筑物集中区域的高速公路和城市高架、轻轨道路，有可能造成环境噪声污染的，应当设置声屏障或者采取其他有效的控制环境噪声污染的措施。

第六十一条　受到环境噪声污染危害的单位和个人，有权要求加害人排除危害；造成损失的，依法赔偿损失。

赔偿责任和赔偿金额的纠纷，可以根据当事人的请求，由生态环境主管部门或者其他环境噪声污染防治工作的监督管理部门、机构调解处理；调解不成的，当事人可以向人民法院起诉。当事人也可以直接向人民法院起诉。

《中华人民共和国民事诉讼法》

第一百七十条　第二审人民法院对上诉案件，经过审理，按照下列情形，分别处理：

（一）原判决、裁定认定事实清楚，适用法律正确的，以判决、裁定方式驳回上诉，维持原判决、裁定；

（二）原判决、裁定认定事实错误或者适用法律错误的，以判决、裁定方式依法改判、撤销或者变更；

（三）原判决认定基本事实不清的，裁定撤销原判决，发回原审人民法院重审，或者查清事实后改判；

（四）原判决遗漏当事人或者违法缺席判决等严重违反法定程序的，裁定撤销原判决，发回原审人民法院重审。

原审人民法院对发回重审的案件作出判决后，当事人提起上诉的，第二审人民法院不得再次发回重审。

第二百五十三条　被执行人未按判决、裁定和其他法律文书指定的期间履行给付金钱义务的，应当加倍支付迟延履行期间的债务利息。

被执行人未按判决、裁定和其他法律文书指定的期间履行其他义务的，应当支付迟延履行金。

（四）上述案例的启示

本案的启示之一是当事人一定要在举证期限内，依据法律规定提供证据。

二审中，上诉人绕城高速公司提供了车辆断面流量年报表、顾客投诉记录处理表、招投标公告、协调会列表，二审人民法院经审查后认为，绕城高速公司超出举证期限提供上述证据，且逾期理由不成立，依据《中华人民共和国民事诉讼法》第六十五条的规定，不予采纳。

上诉人绕城高速公司反驳对方诉讼请求所依据的事实，应当提供证据加以证明，超出举证期限提供证据且逾期理由不成立，就会承担不利的后果，因此，当事人一定要在举证期限内，依据法律规定提供证据。

法院根据当事人的主张和案件审理情况，确定当事人应当提供的证据及其期限。当事人在该期限内提供证据确有困难的，可以向法院申请延长期限，法院根据当事人的申请适当延长。当事人逾期提供证据的，法院应当责令说明理由；拒不说明理由或者理由不成立的，法院根据不同情形可以不予采纳该证据，或者采纳该证据但予以训诫、罚款。

案例三　电梯噪声影响大，小区居民打官司

一、引子和案例

(一)案例简介

本案是电梯噪声引起的，电梯噪声会对环境造成严重损害，直接影响人们的生活。

人民法院经审理查明，原告单位于2007年购买了被告开发建设的某楼盘房产。购得房产后，原告发现其小区三台电梯运行时产生的噪声影响居住环境，故至今未入住。之后，原告委托市环境监测中心站对涉案电梯所产生的噪声进行了监测，监测结果为电梯开机时扣除本底影响后的噪声值为40.2dB(A)，关机时Leg值为34.8dB(A)，超过了国家相关标准0.2dB(A)。于是，原告起诉到人民法院。

在审理过程中，被告房地产公司向法院申请对涉案房产电梯的噪声是否超过国家相关标准进行鉴定。法院委托市环境监测中心站对涉案房产电梯噪声进行了检测、鉴定，结果显示：涉案房产客厅的电梯噪声在倍频带声压级的测量条件下，在125Hz、250Hz、500Hz这三个声压级下的夜间噪声测量值分别为54.2dB、47.9dB、37.4dB，国家标准是48dB、39dB、34dB。

（二）裁判结果

法院审结了该市首例电梯噪声侵权案，判决被告某房地产公司限期对原告所诉的 3 台电梯采取隔声降噪措施，使涉案单位的噪声环境达到《社会生活环境噪声排放标准》。

（三）与案例相关的问题：

电梯噪声的危害及判断标准是什么？

噪声污染受害人起诉时要提供哪些证据？

作为被告的噪声污染者应当承担什么举证责任？

噪声污染责任构成要件有哪些？

二、相关知识

问：电梯噪声的危害及判断标准是什么？

答：电梯噪声对人体健康会造成损害，会使人的交感神经紧张、心跳过速、血压升高、内分泌失调等，也容易使人烦躁、易怒，甚至失去理智，还可能造成神经衰弱、失眠等神经官能症，甚至影响孕妇腹中胎儿的发育。

目前与电梯噪声相关的标准主要有三类：一是电梯本身的质量标准，主要包括《电梯技术条件》（GB/T 10058—2009）、《电梯制造与安装安全规范》（GB 7588—2003）等；二是建筑方面的标准，主要包括《住宅设计规范》（GB 50096—2011）、《民用建筑隔声设计规范》（GB 50118—2010）；三是环保方面的标准，主要包括《声环境质量标准》（GB 3096—2008）。这三类标准对于电梯运行分贝的限值也有不同的规定，产品标准规定主机房的声音不得高于 80 分贝、轿厢的声音不得高于 55 分贝；建筑设计标准规定白天不得高于 50 分贝、晚上不得高于 40 分贝；环保标准则规定白天不得高于 40 分贝、晚上不得高于 30 分贝。

三、与案件相关的法律问题

（一）学理知识

问：噪声污染受害人起诉时要提供哪些证据？

答：噪声污染受害人请求赔偿应当提供证明以下事实的证据材料：

1. 污染者排放了噪声的证据；

2. 被侵权人受到噪声损害的证据；

3. 污染者排放的噪声污染物或者其次生污染物与受害人受到噪声损害之间有关联性的证据。

问：作为被告的噪声污染者应当承担什么举证责任？

答：举证责任是指按照法律规定和举证时限的要求，当事人对哪些证据要承担提供的责任义务。

因污染环境发生纠纷，污染者应当就法律规定的不承担责任或者减轻责任的情形及其行为与损害之间不存在因果关系承担举证责任。

污染者举证证明下列情形之一的，法院应当认定其污染行为与损害之间不存在因果关系：

1. 排放的污染物没有造成该损害可能的；

2. 排放的可造成该损害的污染物未到达该损害发生地的；

3. 该损害于排放污染物之前已发生的；

4. 其他可以认定污染行为与损害之间不存在因果关系的情形。

问：噪声污染责任构成要件有哪些？

答：噪声污染责任是指噪声污染者违反法律规定的义务，以作为或者不作为方式，污染环境造成他人损害，应当承担的特殊侵权责任。

噪声污染责任构成要件：

1. 污染者实施了噪声污染环境的行为，包括有过错行为和无过错行为，排污符合国家或者地方污染物排放标准的行为和不符合国家或者地方污染物排放标准的行为。

因噪声污染环境造成损害，不论污染者有无过错，污染者都应当承担侵权责任。污染者以排污符合国家或者地方污染物排放标准为由主张不承担责任的，法院不予支持。

2. 有受害人受到损害的事实。损害包括人身损害、财产损失等，还包括侵害或妨害。噪声污染行为没有造成损害，但是构成侵害或妨害，被侵权人提起诉讼，请求污染者停止侵害、排除妨碍、消除危险的，不受环境保护法规定的三年时效期间的限制。

3. 噪声污染环境的行为与受害人受到损害的事实有因果关系。因噪声污染环境造成损害的，污染者应当承担侵权责任。因噪声污染环境发生纠纷，污染者应当就法律规定的不承担责任或者减轻责任的情形及其行为与损害之间不存在因果关系承担举证责任。

4. 适用无过错责任原则。无过错责任原则是指没有过错造成他人损害、依据法律规定承担民事责任的确认责任的准则。

因噪声污染环境造成损害的，污染者应当承担侵权责任。行为人损害他人民事权益，不论行为人有无过错，法律规定应当承担侵权责任的，依照其规定。因污染环境造成损害，不论污染者有无过错，污染者应当承担侵权责任。污染者以排污符合国家或者地方污染物排放标准为由主张不承担责任的，法院不予支持。

（二）法院裁判的理由

对于该案，法院判决认为公民享有生活环境不受噪声污染的权利。

被告作为涉案房地产项目的开发商，有义务保证其所开发的房地产项目符合国家有关噪声限值的要求，因被告怠于履行该法定义务，导致涉案楼盘三台电梯运行时传到原告室内的噪声超过国家规定的噪声限值，造成噪声污染，违反了国家关于噪声的相关规定，影响原告的生活环境，导致其无法入住涉案房屋，侵害了原告的合法权益，应承担相应的民事责任。法院遂依法作出上述判决。

（三）法院裁判的法律依据

《中华人民共和国侵权责任法》

第六十五条 因污染环境造成损害的，污染者应当承担侵权责任。

第六十六条 因污染环境发生纠纷，污染者应当就法律规定的不承担责任或者减轻责任的情形及其行为与损害之间不存在因果关系承担举证责任。

《中华人民共和国民事诉讼法》

第七十六条 当事人可以就查明事实的专门性问题向人民法院申请鉴定。当事人申请鉴定的，由双方当事人协商确定具备资格的鉴定人；协商不成的，由人民法院指定。

当事人未申请鉴定，人民法院对专门性问题认为需要鉴定的，应当委托具备资格的鉴定人进行鉴定。

（四）上述案例的启示

本案中的电梯噪声超标，也属于产品责任。产品投入流通后发现存在缺陷的，产品的生产者、销售者应该承担相应责任。

产品责任是指由于产品有缺陷，造成了产品的消费者、使用者或其他第三者的人身伤害或财产损失，依法应由生产者或销售者分别或共同负责赔偿的侵权法律责任。

产品责任的构成要件如下：

1. 产品存在缺陷

《中华人民共和国产品质量法》第四十六条规定，产品缺陷，“是指产品存在危及人身、他人财产安全的不合理的危险；产品有保障人体健康和人身、财产安全的国家标准、行业标准的，是指不符合该标准”。

《中华人民共和国侵权责任法》第四十六条规定：“产品投入流通后发现存在缺陷的，生产者、销售者应当及时采取警示、召回等补救措施。未及时采取补救措施或者补救措施不力造成损害的，应当承担侵权责任。”

2. 产品缺陷造成受害人民事权益损害后果，即产品因缺陷造成了人身、财产的损害。

3. 产品缺陷与受害人损害后果之间有因果关系。

因果关系是指产品的缺陷与受害人的损害事实之间存在的引起与被引起的关系，产品缺陷是原因，损害事实是结果。确认产品责任的因果关系，要由受害人证明，确认产品存在缺陷造成损害，而且能排除其他造成损害的原因。

4. 适用无过错责任原则

无过错责任原则是指没有过错造成他人损害，依据法律规定承担民事责任的确认责任的准则。

《中华人民共和国侵权责任法》第七条规定：“行为人损害他人民事权益，不论行为人有无过错，法律规定应当承担侵权责任的，依照其规定。”

对于受害人一方而言，是选择环境污染责任的案由起诉，还是以产品责任纠纷案由起诉，受害人要从维护权益、举证责任等方面综合考虑。

案例四　地源热泵有噪声　居民身体受损害

一、引子和案例

（一）案例简介

不少小区换热站运行过程中会出现噪声污染，以下案例就是如此。

翟某、姜某系夫妻关系。2010年，二人购买某房地产公司开发的9号楼1单元3楼西房屋一栋，该房屋楼下系临街二层商铺，商铺地下室一层放置了一套地源热泵供暖制冷设备。该小区夏季冷风及冬季供暖均由该套设备提供。2011年，二人入住该房屋后，姜某身体不适，出现幻听、脑鸣、颈动脉硬化、脑动脉硬化等症状，进而长期失眠、性格暴躁。翟某、姜某认为，身体和精神状况出现异常，原因是地源热泵供暖制冷设备噪声所致，二人多次与某房地产公司和小区管理物业公司协商，均没有结果。2015年，翟某、姜某向法院提起诉讼，要求被告物业公司、某房地产公司停止使用9号楼地下室的地源热泵供暖制冷设备，停止侵害；赔偿损失91,337.98元，承担案件受理费及律师费2,000元。

一审法院判决驳回原告翟某、姜某的诉讼请求。一审判决后，翟某、姜某不服，提出上诉。

二审期间，双方争议焦点集中在以下四点：

1. 关于涉案房屋所处的环境噪声标准适用区问题，上诉人主张涉案小区所在的区域为居民区，主张适用环境噪声一类标准功能区，被上诉人认为属于环境噪声二类标准适用区域。

2. 关于判定振动和噪声排放的标准问题，上诉人主张具体标准由法院依法认定。被上诉人主张应当适用《城市区域环境振动标准》（GB 10070−1988），即检测报告所依据的标准。

3. 关于上诉人室内振动和噪声是否超标的问题，在法院主持下双方进行质证，结果各持己见。

4. 关于噪声污染侵权的关联性及侵权行为所造成的损失问题，上诉人提供了2015年11月10日某脑科康复医院为姜某出具的证明，载明“从医学角度讲，噪声可引起耳鸣、脑鸣及高血压，也可加重脑梗病情”。2015年4月7日某脑科康复医院的健康档案，其中医师对翟某病情结论载明为“听幻觉（噪声污染）”。对于损失部分，上诉人提供了医院各种收费单据。

（二）裁判结果

二审法院判决认为上诉人翟某、姜某的上诉请求部分成立；原审法院认定事实有误，所作判决应予纠正，依法改判被上诉人赔偿医疗费和护理费9,324.39元、2016年采暖期房租4,000元、精神损害抚慰金5,000元。

（三）与案例相关的问题：

依法成立的公司企业，其正常运营过程中产生的噪声造成他人损失，是否应承担赔偿责任？

诉讼时效期间与除斥期间有什么区别？

我国法律关于诉讼时效是如何规定的?

仪器设备等产生噪声，从产品责任的角度看，承担民事赔偿责任的主体有哪些?

谁可以作为民事诉讼的当事人?

如果原被告双方或一方对法院判决不服，如何继续维权?

二、相关知识

问：依法成立的公司企业，其正常运营过程中产生的噪声造成他人损失，是否应承担赔偿责任?

答：即使依法成立的公司企业正常运营，但如果设备非依法安装并产生噪声，仍应承担民事法律责任。本案中，住房和城乡建设部《住宅设计规范》（GB 50096—2011）明确规定："水泵房、冷热源机房、变配电机房等公共机电用房不宜设计在住宅主体建筑内，不宜设置在与住户相邻的楼层内，在无法满足上述要求贴临设置时，应增加隔声减振处理。"被告房产公司和物业公司的行为明显缺少法律依据，且对原告的身体健康造成了损害，应依法承担侵权责任。

三、与案件相关的法律问题

（一）学理知识

问：诉讼时效期间与除斥期间有什么区别?

答：诉讼时效期间适用于请求权，除斥期间一般适用于形成权；诉讼时效期间需当事人主张，人民法院不能主动援用，人民法院可以主动审查除斥期间；诉讼时效期间届满不导致实体权利消灭，除斥期间相反；诉讼时效期间是可变期间，除斥期间是不变期间。

问：我国法律关于诉讼时效是如何规定的?

答:《中华人民共和国民法总则》规定，向人民法院请求保护民事权利的诉讼时效期间为三年。法律另有规定的，依照其规定。

诉讼时效期间自权利人知道或者应当知道权利受到损害以及义务人之日起计算。法律另有规定的，依照其规定。但是自权利受到损害之日起超过二十年的，人民法院不予保护；有特殊情况的，人民法院可以根据权利人的申请决定延长。

诉讼时效期间届满的，义务人可以提出不履行义务的抗辩。诉讼时效期间届满后，义务人同意履行的，不得以诉讼时效期间届满为由抗辩；义务人已自愿履行的，不得请求返还。

问:仪器设备等产生噪声，从产品责任的角度看，承担民事赔偿责任的主体有哪些?

答:以下主体需承担噪声民事赔偿责任:

第一，生产者应当承担侵权责任。因产品存在缺陷造成他人损害的，生产者应当承担侵权责任。

第二，销售者应当承担侵权责任。因销售者的过错使产品存在缺陷，造成他人损害的，销售者应当承担侵权责任。销售者不能指明缺陷产品的生产者也不能指明缺陷产品的供货者的，销售者应当承担侵权责任。

第三，被侵权人的选择权。因产品存在缺陷造成损害的，被侵权人可以向产品的生产者请求赔偿，也可以向产品的销售者请求赔偿。产品缺陷由生产者造成的，销售者赔偿后，有权向生产者追偿。因销售者的过错使产品存在缺陷的，生产者赔偿后，有权向销售者追偿。

第四，被侵权人请求内容。因产品缺陷危及他人人身、财产安全的，被侵权人有权请求生产者、销售者承担排除妨碍、消除危险等侵权责任。

问:谁可以作为民事诉讼的当事人?

答：依据《中华人民共和国民事诉讼法》的规定，公民、法人和其他组织可以作为民事诉讼的当事人。法人由其法定代表人进行诉讼，其他组织由其主要负责人进行诉讼。

问：如果原被告双方或一方对法院判决不服，如何继续维权？

答：我国实行两审终审制，当事人对一审判决不服，可以向有管辖权的二审人民法院提起上诉。

（二）法院裁判的理由

法院认为本案系噪声责任纠纷，是否构成噪声污染侵权是案件争议焦点。

《中华人民共和国环境噪声污染防治法》第二条规定："本法所称环境噪声污染，是指所产生的环境噪声超过国家规定的环境噪声排放标准，并干扰他人正常生活、工作和学习的现象。"

《最高人民法院关于审理环境侵权责任纠纷案件适用法律若干问题的解释》第一条第二款规定，"污染者不承担责任或者减轻责任的情形，适用海洋环境保护法、水污染防治法、大气污染防治法等环境保护单行法的规定；相关环境保护单行法没有规定的，适用侵权责任法的规定。"

按照上述法律和司法解释以及特别法优于一般法的原则，本案应优先适用《中华人民共和国环境噪声污染防治法》的相关规定，将噪声排放是否超过国家规定的环境噪声排放标准作为判断排放行为是否构成噪声污染侵权的依据。一审期间，一审法院依据《民用建筑隔声设计规范》（GB 50118—2010）和《住宅建筑室内振动限值及测量方法标准》（GB/T 50355—2018），认定上诉人房间噪声未超过排放标准。法院认为，《民用建筑隔声设计规范》（GB50118—2010）和《住宅建筑室内振动限值及测量方法标准》（GB/T 50355—2018）是国家建设部门为了保证城市居民基本的住房条件，提高城市住宅功能质量，使住宅设计符合适用、安全、卫生、经济等要求，制定的房屋建筑质量标准，应当用于判定房屋建筑质量是否合格，不是认定室内环境噪声污染的标准。本案噪声系通过建筑物结构传播至噪声敏感建筑物室内的，应将《社会生活环境噪声排放标准》（GB 22337-2008）关于结构传播固定设备室内噪声排放限值的规定，作为判定噪声排放是否超标的参照标准。一审法院适用标准不当，认定事实有误，应依法予以纠正。

根据检测报告，在设备开启的情况下，上诉人房屋室内的噪声最大声级超过了《社会生活环境噪声排放标准》（GB 22337-2008）中“非稳态噪声最大声级超过限值的幅度不得高于 10db（A）的规定”，符合《中华人民共和国环境噪声污染防治法》第二条的规定，构成环境噪声污染侵权。

被上诉人辩称根据鉴定报告在设备关闭的情况下也出现了噪声最大声级超标，上诉人家中的噪声超标不是由被上诉人造成的。法院认为，在上诉人已就被上诉人噪声污染侵权提供了相关证据，被上诉人无法提供环保部门相关手续证明其噪声排放达标的情况下，必须就非因其自身原因导致上诉人家中设备开启状态下噪声超标提供确凿证据，证明开启设备所产生的噪声不会导致上诉人家中噪声超标。在被上诉人未提供有力证据予以反证的情况下，可以认定噪声污染侵权行为成立。《中华人民共和国侵权责任法》第六十五条规定：“因环境污染造成损害的，污染者应当承担侵权责任。”第六十六条规定：“污染者应当就法律规定的不承担责任或者减轻责任的情形及其行为与损害之间不存在因果关系承担举证责任。”本案中，上诉人已经提供证据证明噪声污染侵权损害事实及与侵权行为具有关联性，被上诉人虽对噪声污染与上诉人患病的因果关系提出异议，但并未提供相反证据予以反驳，亦没有证据证明存在应当不承担责任或者减轻责任的情形，故依法应当承担噪声污染侵权的法律责任。

（三）法院裁判的法律依据

《中华人民共和国侵权责任法》

第十三条　法律规定承担连带责任的，被侵权人有权请求部分或者全部连带责任人承担责任。

第十五条　承担侵权责任的方式主要有：

（一）停止侵害；

（二）排除妨碍；

（三）消除危险；

（四）返还财产；

（五）恢复原状；

（六）赔偿损失；

（七）赔礼道歉；

（八）消除影响、恢复名誉。

以上承担侵权责任的方式，可以单独适用，也可以合并适用。

第十六条　侵害他人造成人身损害的，应当赔偿医疗费、护理费、交通费等为治疗和康复支出的合理费用，以及因误工减少的收入。造成残疾的，还应当赔偿残疾生活辅助具费和残疾赔偿金。造成死亡的，还应当赔偿丧葬费和死亡赔偿金。

第六十五条　因污染环境造成损害的，污染者应当承担侵权责任。

第六十六条　因污染环境发生纠纷，污染者应当就法律规定的不承担责任或者减轻责任的情形及其行为与损害之间不存在因果关系承担举证责任。

《中华人民共和国民事诉讼法》

第一百七十条第一款第（二）项　第二审人民法院对上诉案件，

经过审理，按照下列情形，分别处理：

（二）原判决、裁定认定事实错误或者适用法律错误的，以判决、裁定方式依法改判、撤销或者变更。

（四）上述案例的启示

本案是因为噪声污染引起的诉讼，噪声污染属于不可量物侵权。

所谓不可量物侵权，是指煤气、蒸气、热气、臭气、烟气、灰屑、喧嚣、振动，以及其他不可量物侵入相邻不动产，对相邻不动产权利人的权益造成损害。

不可量物没有一定具体的形态，不能用传统的衡量方式加以计量，但能因加害人的行为而对他人的合法权益造成侵害。

《中华人民共和国物权法》对不可量物侵权有规定。

第九十条规定："不动产权利人不得违反国家规定弃置固体废物，排放大气污染物、水污染物、噪声、光、电磁波辐射等有害物质。"

第八十五条规定："法律、法规对处理相邻关系有规定的，依照其规定；法律、法规没有规定的，可以按照当地习惯。"

案例五　噪声杀害“老土鸡”，主人起诉讨说法

一、引子和案例

（一）案例简介

噪声不但对人有危害，对家禽同样也有危害，以下案例就是其一。

原告某饲料有限公司向法院提出诉讼请求，中交一公局某公司、中交一公局公司、某高速公路公司赔偿原告老土鸡、折迁搬迁费等损失共计2,836,440.87元，包括种蛋鸡死亡损失、育雏鸡死亡损失、信鸽丢失损失、育雏鸡无法孵化的损失、老土鸡死亡损失、老土鸡鸡蛋损失、折迁费用、停产停业损失、设备搬迁安装费（搬迁补助费）等。

事实和理由如下：原告的老土鸡养殖示范基地成立于2009年，并办理了动物防疫条件合格证等手续。经过几年的发展，该基地已形成一定规模，年出栏老土鸡6万余只。

2015年2月以来，在直线距离不足200米的某高速公路施工建设中，被告的工地放炮，夜晚聚光灯恍如白昼，重型挖掘机、空压机、铲车日夜施工作业，放炮的震动，四散的粉尘，机器的轰鸣声响彻养鸡场，导致原告饲养的老土鸡大量死亡，养殖基地停产停业至今，与三被告数次协商无果。原告提供的证据中有老土鸡养殖示范基地鸡死

亡原因的调查报告及出具报告的专家出庭作出的说明，证明原告养殖的鸡死亡非疫病原因，死因为应激反应。

被告中交一公局某公司、中交一公局公司辩称，二被告不是本案所涉的征地补偿主体；原告自2014年5月24日以来的养殖、销售行为不合法，不应受法律保护；原告获得红线内拆迁安置补偿后，未在符合动物防疫条件的地方养殖，却在318国道边养殖，选址不当是其受损的原因；二被告的施工行为合法，原告的损失与被告施工行为无关；原告的损失没有事实依据。原告的诉讼请求应予以驳回。

被告某高速公路公司辩称，某高速公路建设合法，没有污染行为，其承担责任无法律依据，且原告是非法养殖，非法利益不应受保护；因属不同法律关系，搬迁补偿费用不应在本案中调整；原告主张的期待利益不属于侵权责任赔偿范围，应驳回原告的诉讼请求。

原告与三被告的环境污染责任纠纷一案，法院受理后，依法适用普通程序，公开开庭进行了审理。

（二）裁判结果

法院依照《中华人民共和国环境保护法》《中华人民共和国环境噪声污染防治法》《中华人民共和国侵权责任法》《中华人民共和国物权法》《中华人民共和国民事诉讼法》等规定，判决如下：

1. 被告中交一公局某公司、中交一公局公司在本判决生效后五日内赔偿原告某饲料有限公司种蛋鸡死亡损失、育雏鸡死亡损失、信鸽丢失损失、蛋鸡减产损失等，共计374,483.23元。

2. 被告某高速公路公司在本判决生效后五日内赔偿原告某饲料有限公司养殖场损失737,227.00元。

3. 驳回原告某饲料有限公司的其他诉讼请求。

如果未按本判决指定的期间履行给付金钱义务，应当依照《中华人民共和国民事诉讼法》第二百五十三条的规定，加倍支付迟延履行期间的债务利息。案件受理费 29,492 元，由被告中交一公局某公司、中交一公局公司共同负担 6,917 元，被告某高速公路公司负担 11,172 元，原告某饲料有限公司负担 11,403 元。

如不服本判决，可在判决书送达之日起十五日内，向法院递交上诉状，并按对方当事人的人数提出副本，上诉于某市第二中级人民法院。

（三）与案例相关的问题：

什么是鸡群应激死亡？

排放建筑施工噪声的主体应当履行哪些义务？

什么是普通程序？

普通程序包括哪些阶段？

什么是起诉？起诉要符合哪些条件？

起诉状应当列明哪些事项？

什么是民事案件一审程序？什么是民事案件二审程序？

假如本案被告排放的施工噪声达标，是否免除承担民事责任？

本案的被告如能提供哪些免责事由的证据就不会承担民事责任？

二、相关知识

问：什么是鸡群应激死亡？

答：本案原告的老土鸡大量死亡，原告向法庭提供的证据有老土鸡死亡原因的调查报告及出具报告的专家出庭作出的说明，证明原告养殖的老土鸡死亡非疫病原因，死因是应激反应，也就是老土鸡群应激死亡。

养鸡场的鸡对饲养温度、噪声、光照等因素的刺激，有一定的应变和适应能力，如果这些刺激的强度过大或持续时间过长，就会超过鸡体的生理耐受力。鸡对超过45分贝的声音或其他噪声十分敏感，如放炮、飞机、汽车、火车等发出的噪声能使鸡产生应激反应，导致食欲降低和产蛋量下降，甚至死亡，这种现象被称为“鸡群应激死亡”。

三、与案件相关的法律问题

（一）学理知识

问：排放建筑施工噪声的主体应当履行哪些义务？

答：建筑施工噪声是指在建筑施工过程中产生的干扰周围生活环境的声音。相关主体排放建筑施工噪声应当履行下列义务：

第一，应当符合国家规定的建筑施工场界环境噪声排放标准

在城市市区范围内向周围生活环境排放建筑施工噪声的，应当符合国家规定的建筑施工场界环境噪声排放标准。

第二，向环境保护行政主管部门申报

在城市市区范围内，建筑施工过程中使用机械设备可能产生环境噪声污染的，施工单位必须在工程开工十五日以前向工程所在地县级以上地方人民政府环境保护行政主管部门申报该工程的项目名称、施工场所和期限、可能产生的环境噪声值以及所采取的环境噪声污染防治措施的情况。

第三，禁止夜间进行产生环境噪声污染的建筑施工作业

在城市市区噪声敏感建筑物集中区域内，禁止夜间进行产生环境噪声污染的建筑施工作业，但抢修、抢险作业和因生产工艺上要求或者特殊需要必须连续作业的除外。

因特殊需要必须连续作业的，必须有县级以上人民政府或者有关主管部门的证明。

前款规定的夜间作业，必须公告附近居民。

“夜间”是指晚二十二点至晨六点之间的期间。

问：什么是普通程序？

答：普通程序是指法院审判第一审民事案件通常适用的程序。普通程序是整个民事诉讼程序的基础。

普通程序具有以下特点：

1. 普通程序具有完整性。普通程序包括了当事人起诉、法院受理、审理前准备、开庭审理、裁判等各个阶段以及对特殊情况处理的内容，如中止审理、延期审理、撤诉、缺席判决等。

2. 普通程序具有相对的独立性。适用普通程序审理民事案件，不需要参照其他诉讼程序的规定，是不依赖简易程序、第二审程序、审判监督程序的独立的诉讼程序。

3. 普通程序具有广泛的适用性。中级以上的法院和各专门法院审理第一审民事案件，必须适用普通程序；基层法院除审理简单民事案件适用简易程序和小额诉讼程序外，审理其他案件也必须适用普通程序。

问：普通程序包括哪些阶段？

答：普通程序是指我国法院审理第一审民事案件通常适用的程序。因与特别程序、简易程序相对而得名。根据《中华人民共和国民事诉讼法》的规定，普通程序通常可分为以下几个阶段：

1. 起诉和受理，即原告起诉和法院受理两方面的诉讼行为。

2. 审理前的准备。法院在受理案件之后、审理之前应做的准备工作。

3. 开庭审理，即法院在当事人和其他诉讼参与人的参加下，依照法定程序和方式审查证据，查明认定案件事实，依法作出裁判。开庭审理包括庭审准备和开庭审理。开庭审理包括（1）宣布开庭；（2）法庭调查；（3）法庭辩论；（4）调解或判决。

4. 宣判。法院宣告判决，一律公开进行。当庭宣判的，应当在十日内送达判决书；定期宣判的，宣判后立即发给判决书。

问：什么是起诉？起诉要符合哪些条件？

答：起诉是指公民、法人和其他组织认为自己的民事权益受到侵犯或与他人发生争议，以自己的名义向人民法院提出诉讼，要求人民法院予以审判的诉讼行为。

起诉应当具备下列条件：

1. 原告是与本案有直接利害关系的公民、法人和其他组织。原告是指为维护自己的民事权益以自己的名义向法院起诉，请求法院行使审判权解决民事纠纷的公民、法人或其他组织。

2. 有明确的被告。被告是指被原告诉称侵犯原告民事权益或与原告发生民事争议，由法院通知应诉的公民、法人和其他组织。

3. 有具体的诉讼请求和事实、理由。原告向法院提起诉讼，必须提出请求法院予以保护的民事权益的具体内容、应受到法律保护的事实根据和理由。

4. 属于法院受理民事诉讼的范围和受诉法院管辖。不属于法院受理民事案件的范围，法院对案件没有审判权，法院不应受理；法院对案件没有管辖权，起诉就不能成立。

问：起诉状应当列明哪些事项？

答：起诉可以采取两种方式，口头起诉或书面起诉。

起诉应当向法院递交起诉状，并按照被告人数提出副本。书写起诉状确有困难的，可以口头起诉，由法院记入笔录，并告知对方当事人。

起诉状应包括以下内容：

1. 原告基本情况，即原告的姓名、性别、年龄、民族、职业、工作单位、住所和联系方式；法人或其他组织的名称、住所和法定代表人或者主要负责人的姓名、职务和联系方式。

2. 被告基本情况，即被告的姓名、性别、工作单位、住所等信息，是法人或其他组织的，应写明其名称、住所等信息。

3. 诉讼请求和所依据的事实与理由。诉讼请求应当明确具体，所依据的事实应当充分客观，理由应当充分。

4. 证据和证据来源，证人姓名和住所。当事人对自己的诉讼主张有责任提供证据。

此外，起诉状还应写明受诉法院的全称和起诉的具体日期，并由原告签名或盖章。

问：什么是民事案件一审程序？什么是民事案件二审程序？

答：审理程序是法院审理案件适用的程序，分为一审程序、二审程序、审判监督程序等。

一审程序是指第一审法院审理第一审民事案件的诉讼程序。根据审理案件的繁简程度不同，一审程序分为普通程序和简易程序。

二审程序又叫终审程序，是指第二审法院对当事人不服的、没有生效的一审民事判决或裁定进行审判应当遵循的程序。

问：假如本案被告排放的施工噪声达标，是否免除承担民事责任？

答：在上述案例中，假如被告的施工噪声排放符合环境标准，也应该承担民事赔偿责任。

环境污染侵权责任适用无过错责任原则，是指在法律有特别规定时，不考虑行为人是否有主观过错，都要对给他人造成的损害承担赔偿责任。被告是施工噪声的污染者，即便排放的噪声达标、没有过错，依照无过错责任原则，也应当承担赔偿责任。

《最高人民法院关于审理环境侵权责任纠纷案件适用法律若干问题的解释》第一条规定："因污染环境造成损害，不论污染者有无过错，污染者应当承担侵权责任。污染者以排污符合国家或者地方污染物排放标准为由主张不承担责任的，人民法院不予支持。”

排污达标或缴纳了排污费，只是免于承担行政责任，对造成的损害后果仍然要承担民事赔偿责任。排污企业应当从中吸取教训，对合法达标排污也应加强管理，避免造成污染损害，承担侵权责任。

问：本案的被告如能提供哪些免责事由的证据就不会承担民事责任？

答：本案被告如能够提供建筑施工噪声污染、原告的损害是因为不可抗力、受害人过错造成的证据，就可以不承担民事责任。

所谓免责事由是指行为人虽然在客观上造成了环境污染危害，但由于存在法律规定的不承担责任的理由，行为人可以不承担民事责任的情况。

建筑施工噪声污染是环境污染。环境污染责任免责事由主要有两项：不可抗力、受害人自身的过错。

《中华人民共和国侵权责任法》第六十六条规定：“因污染环境发生纠纷，污染者应当就法律规定的不承担责任或者减轻责任的情形及其行为与损害之间不存在因果关系承担举证责任。”

《最高人民法院关于审理环境侵权责任纠纷案件适用法律若干问题的解释》第一条第二款规定：“污染者不承担责任或者减轻责任的情形，适用海洋环境保护法、水污染防治法、大气污染防治法等环境保护单行法的规定；相关环境保护单行法没有规定的，适用侵权责任法的规定。”

1. 不可抗力

不可抗力是指人力所不能抗拒的力量，包括某些自然现象及社会现象。关于不可抗力免责问题，《中华人民共和国环境保护法》第六十四条规定：“因污染环境和破坏生态造成损害的，应当依照侵权责任法的有关规定承担侵权责任。”《中华人民共和国侵权责任法》第二十九条规定：“因不可抗力造成他人损害的，不承担责任。法律另有规定的，依照其规定。”

在《中华人民共和国海洋环境保护法》《中华人民共和国水污染防治法》等法律中也有类似的规定。

2. 受害人过错

受害人过错指环境侵权损害的发生或扩大是由于受害人主观上的过错心态，其对自身财产和利益安全未尽到注意义务，包括故意和过失。

《中华人民共和国侵权责任法》第二十七条规定：“损害是因受害人故意造成的，行为人不承担责任。”

在这里要强调的是第三人过错不是环境污染责任的免责事由。

第三人过错是指除行为人及受害人之外的第三人对受害人受到的损害具有过错。《中华人民共和国侵权责任法》第六十八条规定：“因第三人的过错污染环境造成损害的，被侵权人可以向污染者请求赔偿，也可以向第三人请求赔偿。污染者赔偿后，有权向第三人追偿。”

《最高人民法院关于审理环境侵权责任纠纷案件适用法律若干问题的解释》第五条第三款规定：“污染者以第三人的过错污染环境造成损害为由主张不承担责任或者减轻责任的，人民法院不予支持。”

（二）法院裁判的理由

法院认为：

第一，关于原告饲养的鸡死亡原因的争议。

法院认为，被告中交一公局某公司、中交一公局公司在原告的养殖场附近建设高速公路期间，因放炮及使用大型机械，使原告养殖的鸡出现非疫病死亡现象，相关专家认定为应激死亡，虽然被告方对专家意见有异议，但无相反证据证明原告的鸡死亡系其他原因所致，且专家实施了解剖、检测，专家意见有客观科学依据，亦符合一般养殖经验。

据此认定本案中原告的鸡死亡系施工建设噪声等导致应激反应所致。

第二，关于原告的损失范围及价值的争议。

原告主张的直接损失为种蛋鸡死亡损失、育雏鸡死亡损失、信鸽丢失损失；可得利益损失包括老土鸡损失、育雏鸡无法孵化的损失、蛋鸡产蛋损失（减产）；拆迁补偿等费用。法院经过审理，对以上主张部分支持，部分不支持。

第三，原告某饲料有限公司 2009 年建设选址的合法性。

本案原告公司成立手续合法并具有畜禽养殖经营资质，从 2009 年 4 月开始在 318 国道旁边养殖，主管行政机关 2011 年、2012 年、2013 年均颁发了《动物防疫条件合格证》，依据法不溯及既往的原则，和行政管理的实际状况，原告 2009 年建设时的选址合法。

第四，原告公司养殖损失与被告中交一公局某公司、中交一公局公司的侵权行为有无因果关系。

原告提供的检测报告、调查报告、专家意见均认定致害最重要原因系施工放炮、机械作业噪声、振动等污染造成原告的鸡应激死亡。故原告公司养殖损失与被告施工放炮、机械作业振动、噪声污染有主要因果关系。该污染是被告中交一公局公司、中交一公局某公司的施工行为直接所致，二被告是直接的侵权人，应承担主要侵权责任。被告某高速公路公司不是污染的制造者，无侵权行为，无须就本案中的污染行为承担侵权责任。被告中交一公局公司、中交一公局某公司的行为是最主要的污染因素，故二被告应承担 90% 的赔偿责任，余下 10% 的损失应由原告自行承担。

原告的损失非疫病所致，二被告抗辩防疫条件不合格不应承担民事责任的理由不成立。二被告的侵权行为导致原告实际利益的客观减少，与原告取得该利益是否有行政责任负担无关联，该利益并未被确认违法，故二被告主张原告的利益系违法利益不予赔偿的理由不成立。

第五，原告公司养殖场财产的合法性。

原告公司养殖场于 2009 年 3—4 月租赁土地建设，9 月份左右基本建成标准化圈舍、管理用房、办公用房。当地政府在 2014 年对原告养殖项目使用集体土地修建农业设施作了批复。该批复虽然是在原告部分设施建好后作出的，但仍是行政机关履行管理职责的确认行为，故原告公司养殖场财产属于合法取得。

第六，原告公司养殖场是否有搬迁的必要。

这取决于涉案高速路是否造成养殖场养殖功能的丧失，若养殖功能丧失则须整体搬迁。因被告某高速公路公司的项目导致原告养殖场丧失合法养殖功能，该养殖功能与被告某高速公路公司的项目某高速公路所处的位置、环境有必然关联，本案是环境污染责任纠纷，对此一并处理并无不当，被告某高速公路公司以另一法律关系不应在本案中调整的理由不成立。

综上，应由被告某高速公路公司对养殖场的损失予以赔偿。

（三）法院裁判的法律依据

《中华人民共和国环境保护法》

第六条　一切单位和个人都有保护环境的义务。

地方各级人民政府应当对本行政区域的环境质量负责。

企业事业单位和其他生产经营者应当防止、减少环境污染和生态破坏，对所造成的损害依法承担责任。

公民应当增强环境保护意识，采取低碳、节俭的生活方式，自觉履行环境保护义务。

《中华人民共和国环境噪声污染防治法》(1997年)

第六十一条　受到环境噪声污染危害的单位和个人，有权要求加害人排除危害；造成损失的，依法赔偿损失。

赔偿责任和赔偿金额的纠纷，可以根据当事人的请求，由环境保护行政主管部门或者其他环境噪声污染防治工作的监督管理部门、机构调解处理；调解不成的，当事人可以向人民法院起诉。当事人也可以直接向人民法院起诉。

《中华人民共和国侵权责任法》

第七条　行为人损害他人民事权益，不论行为人有无过错，法律规定应当承担侵权责任的，依照其规定。

第十五条　承担侵权责任的方式主要有：

（一）停止侵害；

（二）排除妨碍；

（三）消除危险；

（四）返还财产；

（五）恢复原状；

（六）赔偿损失；

（七）赔礼道歉；

（八）消除影响、恢复名誉。

以上承担侵权责任的方式，可以单独适用，也可以合并适用。

第十九条　侵害他人财产的，财产损失按照损失发生时的市场价格或者其他方式计算。

第二十六条　被侵权人对损害的发生也有过错的，可以减轻侵权人的责任。

第六十五条　因污染环境造成损害的，污染者应当承担侵权责任。

第六十六条　因污染环境发生纠纷，污染者应当就法律规定的不承担责任或者减轻责任的情形及其行为与损害之间不存在因果关系承担举证责任。

《中华人民共和国物权法》

第三十二条　物权受到侵害的，权利人可以通过和解、调解、仲裁、诉讼等途径解决。

第三十七条　侵害物权，造成权利人损害的，权利人可以请求损害赔偿，也可以请求承担其他民事责任。

《中华人民共和国民事诉讼法》

第六十四条　当事人对自己提出的主张，有责任提供证据。

当事人及其诉讼代理人因客观原因不能自行收集的证据，或者人民法院认为审理案件需要的证据，人民法院应当调查收集。

人民法院应当按照法定程序，全面地、客观地审查核实证据。

第二百五十三条　被执行人未按判决、裁定和其他法律文书指定的期间履行给付金钱义务的，应当加倍支付迟延履行期间的债务利息。被执行人未按判决、裁定和其他法律文书指定的期间履行其他义务的，应当支付迟延履行金。

（四）上述案例的启示

本案的被告认为，原告养殖场选址不合法，对非法的利益不应赔偿。法院认为，依据法不溯及既往的原则和行政管理的实际状况，原告 2009 年建设时的选址合法。

上述观点涉及法的溯及力问题。所谓法的溯及力，也叫法溯及既往的效力，是指法律法规对其生效前的事件和行为有约束力。法可以对其生效前的事件和行为有约束力，也可以不适用于生效前的事件和行为。

“法不溯及既往”就是不能用今天的规定去约束昨天的行为。

法具有指引作用，是为人们提供一个既定的行为模式，引导人们依法实施自己的行为，新法颁布前人们的行为，只能按照当时的法律来调整。

法还具有预测作用，即凭借法律的存在，人们可以预先估计相互间行为的法律后果。但是，未颁布的法并不为人们所预知，自然也就不能起到任何预测作用，因此，新法不具有溯及力。

坚持“法不溯及既往”原则，即不能用当前制定的法律去指导人们过去的行为，更不能由于过去从事了某种当时是合法但是现在看来是违法的行为而依照当前的法律处罚他们。

但“法不溯及既往”不是绝对的，法律规范的效力可以有条件地适用于既往行为，即所谓的“有利追溯”原则。在我国民法当中，有利追溯的原则体现为，如果先前的某种行为并不符合当时法律规定，但依照现行法律是合法的，并且与相关各方都有利，就应当依照新法律承认其合法性并且予以保护。在我国刑法中，“有利追溯”表现为“从旧兼从轻”原则，即新法律在原则上不溯及既往，但是新法不认为是犯罪的或处罚较轻的，适用新法。

第二部分　行政篇

案例一　飞机起降噪声大，居民不满打官司

一、引子和案例

（一）案例简介

本案是因为飞机起降噪声引发的行政诉讼案件。王某是原告，某省生态环境厅是被告。

王某系B山庄小区业主。2015年1月11日，王某与该小区其他35名业主委托律师共同向某省生态环境厅邮寄提交了一份《环境保护违法举报信》。

举报信的主要内容如下：B山庄小区紧邻某机场，自2014年某机场二期工程项目中的新建二号跑道投入运营以来，小区业主一直饱受飞机起降噪声的影响；2016年11月，诸业主通过向省生态环境厅申请政府信息公开得知，某机场二期工程未申请竣工环境保护验收即擅自投入使用，该工程项目违反了法定的“三同时”规定，所以，请求省生态环境厅依据《环境行政处罚办法》等法律、法规的要求，在7个工作日内立案，并责令某机场立即停止使用二号跑道，并处罚款。

省生态环境厅于2017年1月12日收到上述举报信后，至原告提起本案诉讼前未向其作出答复。

王某认为省生态环境厅未针对其举报信履行相应的法定职责，提起本案诉讼。请求依法判令省生态环境厅履行法定职责，查处并责令某市某国际机场有限公司（以下简称某机场公司）停止使用未经环境保护验收的二期工程建设项目，案件诉讼费用由某省生态环境厅承担。

庭审中，王某、某省生态环境厅均称涉案《环境保护违法举报信》并未附具委托律师的授权委托材料。

原审法院另查明，2017 年 4 月 1 日，某省生态环境厅向某机场公司作出《责令改正违法行为决定书》，并在省生态环境厅官方网站的政府信息公开专栏中予以公示。

该决定书的主要内容为：某国际机场二期工程建设项目在需要配套建设的环境保护设施已建成但未验收的情况下，主体工程于 2014 年 6 月投入使用至今。该行为违反了《建设项目环境保护管理条例》第二十三条的规定。责令立即改正环境违法行为，某国际机场二期工程建设项目主体工程停止使用，直至验收合格。鉴于某国际机场二期工程建设项目主体工程立即停止使用将影响公共利益，故将‘责令停止使用’的决定缓期至 2018 年 1 月 1 日执行。

原审法院认为，根据我国环境保护法律、法规的相关规定，某省生态环境厅作为省级环境保护主管部门负责本省范围的环境监督管理工作，对某机场建设项目的环境影响报告进行审批并对该项目建设中存在的环境违法行为进行处理是其法定职责。

某省生态环境厅在收到王某等的举报信后，核实某机场公司在该项目未申请竣工环境保护验收即投入使用的情况属实后，于 2017 年 4 月 1 日向禄口机场公司作出《责令改正违法行为决定书》，省生态环境厅的上述行为，系针对王某的举报信履行其相应法定职责的行为，程序亦无不当。

因涉案的《环境保护违法举报信》中仅有律师的签名，并无王某及其他业主的签名，且未附具王某等业主的授权委托手续，故某省生态环境厅未将处理结果向王某等进行告知，并不违反法律、法规的相关规定。王某认为某省生态环境厅未履行对涉案环境违法行为进行查处的法定职责的理由不能成立。王某要求判令某省生态环境厅履行法定职责并责令某机场公司停止使用未经环境保护验收的二期工程建设项目的诉讼请求，因缺乏事实和法律依据，不予支持。

原审法院依照《中华人民共和国行政诉讼法》第六十九条之规定，判决驳回王某的诉讼请求；案件受理费 50 元，由王某负担。

王某对一审判决不服，上诉称：

1. 一审法院认定事实不清，被上诉人并未完全依法履职。

（1）被上诉人作出的《责令改正违法行为决定书》，根据《环境行政处罚办法》第十二条的规定，属行政命令，并非行政处罚。至今被上诉人也未对某机场公司长期存在的环境违法行为进行查处，属行政不作为。

（2）根据《环境行政处罚办法》第九条的规定："当事人的一个违法行为同时违反两个以上环境法律、法规或者规章条款，应当适用效力等级较高的法律、法规或者规章；效力等级相同的，可以适用处罚较重的条款。"

某机场二期工程的环境保护设施均未验收，同时违反了《中华人民共和国环境噪声污染防治法》《中华人民共和国水污染防治法》《建设项目环境保护管理条例》等多部法律、法规及规章条款的规定。

按照效力位阶，应当适用《环境行政处罚办法》第九条、《中华人民共和国水污染防治法》（2008 年版）第七十一条的规定。

而本案中，被上诉人作出的行政命令适用《建设项目环境保护管理条例》第二十三条，该条例效力最低，处罚最轻。据此，不能证明被上诉人已经依法履职。

（3）法律法规从未授权行政机关可以对“责令停止使用”的行政命令准许缓期执行。

被上诉人的上述行政命令不具有合法性。被上诉人以影响公共利益为由，对禄口机场的环境违法行为不予制止查处，属于滥用职权，拖延不履行法定职责。

2. 一审法院程序违法，剥夺了上诉人的诉讼权利。

在一审庭审中，上诉人向被上诉人发问，“机场二期工程是否向被上诉人申请过试生产审批、竣工验收的延期申请”及“机场二期工程应在B山庄设立噪声监测点并需要公众参与，但为何未通知B山庄小区业主”的问题，被上诉人表示上述问题需庭后核实后回复，审判长亦要求被上诉人庭后三日内提交书面材料回复法庭。但至今一审法院未将上述书面材料交予上诉人，也未告知被上诉人回复法庭的内容。在一审判决中，也未对此做出说明。

综上所述，请求撤销（2017）苏01行初×号行政判决书，改判支持上诉人的诉讼请求或发回重审；请求判令被上诉人承担本案的诉讼费。

被上诉人省生态环境厅答辩称，一审判决认定事实清楚准确，适用法律法规正确，符合法定程序。

（二）裁判结果

二审法院认为，一审判决认定事实清楚，适用法律、法规正确，审判程序合法。判决驳回上诉，维持原判。二审案件受理费50元，由上诉人王某负担。本判决为终审判决。

（三）与案例相关的问题：

飞机噪声是否属于交通运输噪声？

为防治交通运输噪声污染,《中华人民共和国环境噪声污染防治法》对汽车、机动车辆等有哪些要求?

为防治交通运输噪声污染,对高速公路和城市高架、轻轨道路、交通干线、铁路等有哪些要求?

为防治交通运输噪声污染,《中华人民共和国环境噪声污染防治法》对民用航空器有哪些要求?

什么是对噪声污染行政处罚自由裁量权?行使行政处罚自由裁量权要考虑哪些情节?

对环境噪声污染，有哪些行政处罚?

哪些行政机关对噪声污染有监督管理的法定职责?

哪些行政机关负责制定声环境标准与噪声排放标准?

哪些行政机关有权对噪声污染的行为进行处罚?

二、相关知识

问:飞机噪声是否属于交通运输噪声?

答:噪声对人的听觉系统和非听觉系统产生影响,长期接触噪声,可以引起病理性改变。

交通运输噪声是指机动车辆、铁路机车、机动船舶、航空器等交通运输工具在运行时所产生的干扰周围生活环境的声音。本案中的飞机起飞降落属于交通运输噪声。

问:为防治交通运输噪声污染,《中华人民共和国环境噪声污染防治法》对汽车、机动车辆等有哪些要求?

答:《中华人民共和国环境噪声污染防治法》为防治交通运输噪声污染，对汽车、机动车辆的要求包括以下内容:

1. 禁止制造、销售或者进口超过规定的噪声限值的汽车。

2. 在城市市区范围内行驶的机动车辆的消声器和喇叭必须符合国

家规定的要求。机动车辆必须加强维修和保养，保持技术性能良好，防治环境噪声污染。

3. 机动车辆在城市市区范围内行驶，机动船舶在城市市区的内河航道航行，铁路机车驶经或者进入城市市区、疗养区时，必须按照规定使用声响装置。

4. 警车、消防车、工程抢险车、救护车等机动车辆安装、使用警报器，必须符合国务院公安部门的规定；在执行非紧急任务时，禁止使用警报器。

5. 城市人民政府公安机关可以根据本地城市市区区域声环境保护的需要，划定禁止机动车辆行驶和禁止其使用声响装置的路段和时间，并向社会公告。

问：为防治交通运输噪声污染，对高速公路和城市高架、轻轨道路、交通干线、铁路等有哪些要求？

答：为防治交通运输噪声污染，《中华人民共和国环境噪声污染防治法》对高速公路和城市高架、轻轨道路、交通干线、铁路等的要求包括以下内容：

1. 建设经过已有的噪声敏感建筑物集中区域的高速公路和城市高架、轻轨道路，有可能造成环境噪声污染的，应当设置声屏障或者采取其他有效的控制环境噪声污染的措施。

2. 在已有的城市交通干线的两侧建设噪声敏感建筑物的，建设单位应当按照国家规定间隔一定距离，并采取减轻、避免交通噪声影响的措施。

3. 在车站、铁路编组站、港口、码头、航空港等地指挥作业时使用广播喇叭的，应当控制音量，减轻噪声对周围生活环境的影响。

4. 穿越城市居民区、文教区的铁路，因铁路机车运行造成环境噪声污染的，当地城市人民政府应当组织铁路部门和其他有关部门，制定减轻环境噪声污染的规划。铁路部门和其他有关部门应当按照规划的要求，采取有效措施，减轻环境噪声污染。

问：为防治交通运输噪声污染，《中华人民共和国环境噪声污染防治法》对民用航空器有哪些要求？

答：为防治交通运输噪声污染，《中华人民共和国环境噪声污染防治法》对民用航空器的要求包括以下内容：

除起飞、降落或者依法规定的情形以外，民用航空器不得飞越城市市区上空。城市人民政府应当在航空器起飞、降落的净空周围划定限制建设噪声敏感建筑物的区域；在该区域内建设噪声敏感建筑物的，建设单位应当采取减轻、避免航空器运行时产生的噪声影响的措施。民航部门应当采取有效措施，减轻环境噪声污染。

三、与案件相关的法律问题

（一）学理知识

问：什么是对噪声污染行政处罚自由裁量权？行使行政处罚自由裁量权要考虑哪些情节？

答：对噪声污染行政处罚自由裁量权是指对噪声污染有法定监督管理职责的行政机关，在法律、法规规定的原则和范围内，是否给予相对人行政处罚、给予何种行政处罚、给予何种幅度行政处罚等的自主决定处置权利。

行使行政处罚自由裁量权要符合立法目的，并综合考虑以下情节：

1. 违法行为所造成的环境污染、生态破坏程度及社会影响；

2. 当事人的过错程度；

3. 违法行为的具体方式或者手段；

4. 违法行为危害的具体对象；

5. 当事人是初犯还是再犯；

6. 当事人改正违法行为的态度和所采取的改正措施及效果。

同类违法行为的情节相同或者相似、社会危害程度相当的，行政处罚种类和幅度应当相当。

问：对环境噪声污染，有哪些行政处罚？

答：环境噪声污染是指所产生的环境噪声超过国家规定的环境噪声排放标准，并干扰他人正常生活、工作和学习的现象。

《环境行政处罚办法》第十条规定了环境行政处罚的种类：（一）警告；（二）罚款；（三）责令停产整顿；（四）责令停产、停业、关闭；（五）暂扣、吊销许可证或者其他具有许可性质的证件；（六）没收违法所得、没收非法财物；（七）行政拘留；（八）法律、行政法规设定的其他行政处罚种类。

问：哪些行政机关对噪声污染有监督管理的法定职责？

答：对噪声污染有监督管理权的机关：

1. 国务院生态环境主管部门对全国环境噪声污染防治实施统一监督管理。

2. 县级以上地方人民政府生态环境主管部门对本行政区域内的环境噪声污染防治实施统一监督管理。

3. 各级公安、交通、铁路、民航等主管部门和港务监督机构，根据各自的职责，对交通运输和社会生活噪声污染防治实施监督管理。

4. 县级以上人民政府生态环境主管部门和其他环境噪声污染防治工作的监督管理部门、机构，有权依据各自的职责对管辖范围内排放环境噪声的单位进行现场检查。

5. 被检查的单位必须如实反映情况，并提供必要的资料。检查部门、机构应当为被检查的单位保守技术秘密和业务秘密。检查人员进行现场检查，应当出示证件。

问：哪些行政机关负责制定声环境标准与噪声排放标准？

答：负责制定声环境标准与噪声排放标准的机关如下：

1. 国务院生态环境主管部门分别不同的功能区制定国家声环境质量标准。

2. 县级以上地方人民政府根据国家声环境质量标准，划定本行政区域内各类声环境质量标准的适用区域，并进行管理。

3. 国务院生态环境主管部门根据国家声环境质量标准和国家经济、技术条件，制定国家环境噪声排放标准。

问：哪些行政机关有权对噪声污染的行为进行处罚？

答：对噪声污染的行政处罚，依法由县级以上生态环境主管部门、县级以上地方人民政府生态环境主管部门、各级公安、交通、铁路、民航等主管部门和港务监督机构进行处罚。

如排放环境噪声的单位违反《中华人民共和国环境噪声污染防治法》第三十四条的规定，机动车辆不按照规定使用声响装置的，由当地公安机关根据不同情节给予警告或者处以罚款。

机动船舶有前款违法行为的，由港务监督机构根据不同情节给予警告或者处以罚款。

铁路机车有第一款违法行为的，由铁路主管部门对有关责任人员给予行政处分。

（二）法院裁判的理由

二审法院经审理查明的事实与一审判决认定事实一致，予以确认。

法院认为，某省生态环境厅作为省级环境保护主管部门，具有对某机场建设项目的环境影响报告进行审批并对该项目建设中存在的环境违法行为进行处理的法定职责。省生态环境厅发现某机场公司未申请竣工环境保护验收即将某机场二期工程投入使用的违法事实后，于

2017年4月1日向某机场公司作出《责令改正违法行为决定书》，责令该公司立即改正环境违法行为，停止使用某机场二期工程建设项目主体工程，直至验收合格；但鉴于项目主体工程立即停止使用将影响公共利益，故将责令停止使用的决定缓期至2018年1月1日执行。某省生态环境厅已经履行了对案涉环境违法行为进行查处的法定职责。

案涉《环境保护违法举报信》中仅有律师签名，并无上诉人签名，且未附具王某的授权委托手续，故某省生态环境厅未告知王某案涉行政处罚决定并不违反法律、法规的相关规定。

王某认为某省生态环境厅未履行对案涉环境违法行为进行查处法定职责的理由不能成立。原审判决驳回王某诉讼请求并无不当。

综上所述，一审判决认定事实清楚，适用法律、法规正确，审判程序合法。

（三）法院裁判的法律依据

《建设项目环境保护管理条例》

第十五条　建设项目需要配套建设的环境保护设施，必须与主体工程同时设计、同时施工、同时投产使用。

第二十三条第一款　违反本条例规定，需要配套建设的环境保护设施未建成、未经验收或者验收不合格，建设项目即投入生产或者使用，或者在环境保护设施验收中弄虚作假的，由县级以上环境保护行政主管部门责令限期改正，处20万元以上100万元以下的罚款；逾期不改正的，处100万元以上200万元以下的罚款；对直接负责的主管人员和其他责任人员，处5万元以上20万元以下的罚款；造成重大环境污染或者生态破坏的，责令停止生产或者使用，或者报经有批准权的人民政府批准，责令关闭。

《中华人民共和国行政处罚法》

第二十三条　行政机关实施行政处罚时，应当责令当事人改正或者限期改正违法行为。

《中华人民共和国行政诉讼法》

第六十九条　行政行为证据确凿，适用法律、法规正确，符合法定程序的，或者原告申请被告履行法定职责或者给付义务理由不成立的，人民法院判决驳回原告的诉讼请求。

第八十九条　人民法院审理上诉案件，按照下列情形，分别处理：

（一）原判决、裁定认定事实清楚，适用法律、法规正确的，判决或者裁定驳回上诉，维持原判决、裁定；

（二）原判决、裁定认定事实错误或者适用法律、法规错误的，依法改判、撤销或者变更；

（三）原判决认定基本事实不清、证据不足的，发回原审人民法院重审，或者查清事实后改判；

（四）原判决遗漏当事人或者违法缺席判决等严重违反法定程序的，裁定撤销原判决，发回原审人民法院重审。

原审人民法院对发回重审的案件作出判决后，当事人提起上诉的，第二审人民法院不得再次发回重审。

人民法院审理上诉案件，需要改变原审判决的，应当同时对被诉行政行为作出判决。

（四）上述案例的启示

本案中，某省生态环境厅发现某机场公司未申请环境保护竣工验收即将某机场二期工程投入使用的违法事实后，于 2017 年 4 月 1 日向某机场公司作出《责令改正违法行为决定书》，这是行政命令，不是行政处罚。

行政命令是具体的行政行为，是指行政主体依法要求相对人进行一定的作为或不作为的意思表示，不具有制裁性和惩罚性。

行政命令有强制力，它包括两类：一类是要求相对人进行一定作为的命令，如限期改正违法行为；另一类是要求相对人履行一定的不作为的命令，称作为禁（止）令，如禁止携带危险品的旅客上车等。

根据环境保护法律、行政法规和部门规章，对责令改正或者限期改正环境违法行为的行政命令的具体形式有：（一）责令停止建设；（二）责令停止试生产；（三）责令停止生产或者使用；（四）责令限期建设配套设施；（五）责令重新安装使用；（六）责令限期拆除；（七）责令停止违法行为；（八）责令限期治理；（九）法律、法规或者规章设定的责令改正或者限期改正违法行为的行政命令的其他具体形式。

根据最高人民法院关于行政行为种类和规范行政案件案由的规定，行政命令不属于行政处罚，行政命令不适用行政处罚程序的规定。

案例二　噪声设备被查封，不服起诉获支持

一、引子和案例

（一）案例简介

本案是因为企业产生噪声被查封而引起的行政诉讼。

某机械加工制造厂于2012年成立，其经营范围为水泵配件、矿山配件、农产品配件的制造、加工、销售。2017年3月始，该厂附近的部分村民不断到信访部门上访，反映该厂噪声大，污染严重。2017年5月11日，某县环保局通过县环境保护检测站对某机械加工制造厂进行检测，发现该厂白天的厂界噪声为63.1分贝，超出规定标准3.1分贝；夜间两个点的厂界噪声为53.9分贝和59.9分贝，超出规定标准3.9分贝、9.9分贝。

2017年9月30日，某县环保局依据《中华人民共和国环境保护法》和《环境保护主管部门实施查封、扣押办法》的规定，作出“查封决定书”，对某机械加工制造厂的变频炉、洗砂机及供电设施予以查封。该查封到期后，2017年10月29日，某县环保局又作出《查封决定书》，对上述设施予以延长查封。2017年11月27日，某县环保局作出解除查封决定书，解除对变频炉、洗砂机及供电设施的查封。

某机械加工制造厂对上述行政强制措施不服，诉至法院，请求依法确认被告查封及延长查封原告设备的行政行为违法。

某机械加工制造厂认为，某县环保局没有证据证明原告排放了污染物及何种污染物，也没有证据证明被查封的设备排放了污染物；同时被告亦没有证据证明原告造成或可能造成严重污染，而被告却依据《中华人民共和国环境保护法》第二十五条和《环境保护主管部门实施查封、扣押办法》的规定，对原告的设备、设施实施了查封。原告为支持其诉讼请求向法院提供了相关证据。

被告县环保局辩称，原告违反法律法规规定排放污染物造成或可能造成严重污染的违法事实清楚、证据充分；原告没有认清其违法排放噪声给周围村民带来的严重污染。被告作出涉案查封、延长查封及解除查封决定系正确适用法律，原告的诉讼请求不应得到支持。被告县环保局为支持其抗辩主张，在法定期限内向法院提交了相关证据。

（二）裁判结果

法院根据审理查明的事实，依照《中华人民共和国行政诉讼法》的规定判决：确认被告某县环境保护局查封及延长查封原告某机械加工制造厂设备的行政强制行为违法。

案件受理费50元，由某县环境保护局负担。如不服判决，可在本判决书送达之日起十五日内，向法院递交上诉状，并按对方当事人的人数提出副本，上诉于中级人民法院。

（三）与案例相关的问题：

各类声环境功能区环境噪声限制是多少？

什么是确认行政违法判决?

什么是行政强制?

行政强制措施的种类有哪些？

行政强制执行的方式有几种？

排污者有哪些情形之一的，环境保护主管部门依法可以实施查封、扣押？

行政机关实施行政强制措施应当遵守哪些规定？

查封、扣押决定书应当载明哪些事项？

哪些情形行政机关应当及时作出解除查封、扣押决定？

二、相关知识

问：各类声环境功能区环境噪声限制是多少？

答：各类声环境功能区环境噪声限制在昼间和夜间有不同的要求，“昼间”是指6：00至22：00之间的时段；“夜间”是指22：00至次日6：00之间的时段。

0类的，昼间50分贝，夜间40分贝；

1类的，昼间55分贝，夜间45分贝；

2类的，昼间60分贝，夜间50分贝；

3类的，昼间65分贝，夜间55分贝；

4类的，4 a类昼间70分贝，夜间55分贝；4 b类昼间70分贝，夜间60分贝。

三、与案件相关的法律问题

（一）学理知识

问：什么是确认行政违法判决？

答：确认行政违法判决是指法院通过对被诉行政行为的审查，确认被诉行政行为违法的一种判决形式。确认行政违法判决有两种情况：

第一种情况，有下列情形之一的，法院作出确认行政行为违法的判决，但不撤销被诉行政行为：

1. 行政行为依法应当撤销，但撤销会给国家利益、社会公共利益造成重大损害的；

2. 行政行为程序轻微违法，但对原告权利不产生实际影响的。

有下列情形之一，且对原告依法享有的听证、陈述、申辩等重要程序性权利不产生实质损害的，属于“程序轻微违法”：

1. 处理期限轻微违法；

2. 通知、送达等程序轻微违法；

3. 其他程序轻微违法的情形。

第二种情况是，行政行为有下列情形之一，不需要撤销或者判决履行的，法院判决确认违法：

1. 行政行为违法，但不具有可撤销内容的；

2. 被告改变原违法行政行为，原告仍要求确认原行政行为违法的；

3. 被告不履行或者拖延履行法定职责，判决履行没有意义的。

问：什么是行政强制？

答：本案中环保局对某机械加工制造厂的变频炉、洗砂机及供电设施予以查封就是行政强制。

行政强制包括行政强制措施和行政强制执行。

行政强制措施是指行政机关在行政管理过程中，为制止违法行为、防止证据损毁、避免危害发生、控制危险扩大等情形，依法对公民的人身自由实施暂时性限制，或者对公民、法人或者其他组织的财物实施暂时性控制的行为。

行政强制执行是指行政机关或者行政机关申请人民法院，对不履行行政决定的公民、法人或者其他组织，依法强制履行义务的行为。

问：行政强制措施的种类有哪些？

答：行政强制措施的种类有：

1. 限制公民人身自由；

2. 查封场所、设施或者财物；

3. 扣押财物；

4. 冻结存款、汇款；

5. 其他行政强制措施。

问：行政强制执行的方式有几种？

答：行政强制执行的方式有：

1. 加处罚款或者滞纳金；

2. 划拨存款、汇款；

3. 拍卖或者依法处理查封、扣押的场所、设施或者财物；

4. 排除妨碍、恢复原状；

5. 代履行；

6. 其他强制执行方式。

问：排污者有哪些情形之一的，环境保护主管部门依法可以实施查封、扣押？

答：《环境保护主管部门实施查封、扣押办法》规定，排污者有下列情形之一的，环境保护主管部门依法实施查封、扣押：

（一）违法排放、倾倒或者处置含传染病病原体的废物、危险废物、含重金属污染物或者持久性有机污染物等有毒物质或者其他有害物质的；

（二）在饮用水水源一级保护区、自然保护区核心区违反法律法规规定排放、倾倒、处置污染物的；

（三）违反法律法规规定排放、倾倒化工、制药、石化、印染、电镀、造纸、制革等工业污泥的；

（四）通过暗管、渗井、渗坑、灌注或者篡改、伪造监测数据，或者不正常运行防治污染设施等逃避监管的方式违反法律法规规定排放污染物的；

（五）较大、重大和特别重大突发环境事件发生后，未按照要求执行停产、停排措施，继续违反法律法规规定排放污染物的；

（六）法律、法规规定的其他造成或者可能造成严重污染的违法排污行为。

有前款第一项、第二项、第三项、第六项情形之一的，环境保护主管部门可以实施查封、扣押；已造成严重污染或者有前款第四项、第五项情形之一的，环境保护主管部门应当实施查封、扣押。

问：行政机关实施行政强制措施应当遵守哪些规定？

答：行政机关实施行政强制措施应当遵守下列规定：

1. 实施前须向行政机关负责人报告并经批准；

2. 由两名以上行政执法人员实施；

3. 出示执法身份证件；

4. 通知当事人到场；

5. 当场告知当事人采取行政强制措施的理由、依据以及当事人依法享有的权利、救济途径；

6. 听取当事人的陈述和申辩；

7. 制作现场笔录；

8. 现场笔录由当事人和行政执法人员签名或者盖章，当事人拒绝的，在笔录中予以注明；

9. 当事人不到场的，邀请见证人到场，由见证人和行政执法人员在现场笔录上签名或者盖章；

10. 法律、法规规定的其他程序。

问：查封、扣押决定书应当载明哪些事项？

答：查封、扣押决定书应当载明下列事项：

1. 当事人的姓名或者名称、地址；

2. 查封、扣押的理由、依据和期限；

3. 查封、扣押场所、设施或者财物的名称、数量等；

4. 申请行政复议或者提起行政诉讼的途径和期限；

5. 行政机关的名称、印章和日期。

查封、扣押清单一式二份，由当事人和行政机关分别保存。

问：哪些情形行政机关应当及时作出解除查封、扣押决定？

答：有下列情形之一的，行政机关应当及时作出解除查封、扣押决定：

1. 当事人没有违法行为；

2. 查封、扣押的场所、设施或者财物与违法行为无关；

3. 行政机关对违法行为已经作出处理决定，不再需要查封、扣押；

4. 查封、扣押期限已经届满；

5. 其他不再需要采取查封、扣押措施的情形。

解除查封、扣押应当立即退还财物；已将鲜活物品或者其他不易保管的财物拍卖或者变卖的，退还拍卖或者变卖所得款项。变卖价格明显低于市场价格，给当事人造成损失的，应当给予补偿。

（二）法院裁判的理由

法院认为，行政机关作出行政行为，应当事实清楚，证据充分，适用法律正确，程序合法。

《中华人民共和国行政强制法》规定，公民、法人或者其他组织对行政机关实施行政强制，享有陈述权、申辩权。行政机关实施行政强制措施应当当场告知当事人采取行政强制措施的理由、依据以及当事人依法享有的权利、救济途径，听取当事人的陈述和申辩。

本案中，某县环保局因某机械加工制造厂擅自违法建设钢铁小铸造项目并违法组织生产，作出查封决定，对变频炉、洗砂机及供电设施予以查封。该查封到期后，某县环保局又作出延长查封的决定。在作出查封决定时，未告知原告对该行政强制依法享有陈述权、申辩权，亦未听取原告的陈述和申辩，显然违反《中华人民共和国行政强制法》所规定的程序，依法应予以撤销，但县环保局已作出解除查封决定，解除了对上述设施、设备的查封，故已不具有可撤销内容。

（三）法院裁判的法律依据

《中华人民共和国环境保护法》

第二十五条　企业事业单位和其他生产经营者违反法律法规规定排放污染物，造成或者可能造成严重污染的，县级以上人民政府环境保护主管部门和其他负有环境保护监督管理职责的部门，可以查封、扣押造成污染物排放的设施、设备。

《中华人民共和国行政强制法》

第八条　公民、法人或者其他组织对行政机关实施行政强制，享有陈述权、申辩权；有权依法申请行政复议或者提起行政诉讼；因行政机关违法实施行政强制受到损害的，有权依法要求赔偿。

公民、法人或者其他组织因人民法院在强制执行中有违法行为或者扩大强制执行范围受到损害的，有权依法要求赔偿。

第十八条第一款第（五）（六）项　行政机关实施行政强制措施应当遵守下列规定：

（五）当场告知当事人采取行政强制措施的理由、依据以及当事人依法享有的权利、救济途径；

（六）听取当事人的陈述和申辩；

《中华人民共和国行政诉讼法》

第七十四条　行政行为有下列情形之一的，人民法院判决确认违法，但不撤销行政行为：

（一）行政行为依法应当撤销，但撤销会给国家利益、社会公共利益造成重大损害的；

（二）行政行为程序轻微违法，但对原告权利不产生实际影响的。

行政行为有下列情形之一，不需要撤销或者判决履行的，人民法院判决确认违法：

（一）行政行为违法，但不具有可撤销内容的；

（二）被告改变原违法行政行为，原告仍要求确认原行政行为违法的；

（三）被告不履行或者拖延履行法定职责，判决履行没有意义的。

第八十五条　当事人不服人民法院第一审判决的，有权在判决书送达之日起十五日内向上一级人民法院提起上诉。当事人不服人民法院第一审裁定的，有权在裁定书送达之日起十日内向上一级人民法院提起上诉。逾期不提起上诉的，人民法院的第一审判决或者裁定发生法律效力。

（四）上述案例的启示

我们应了解行政处罚和行政强制措施的区别。

行政处罚是指具有行政处罚权的行政机关依照法定职权和程序，对违反行政法规范的公民、法人或组织，给予行政制裁的具体行政行为。

行政强制措施是指行政机关在行政管理过程中，为制止违法行为、防止证据损毁、避免危害发生、控制危险扩大等情形，依法对公民的人身自由实施暂时性限制，或者对公民、法人或者其他组织的财物实施暂时性控制的行为。

行政处罚与行政强制措施的区别主要是：

1. 性质不同。行政处罚是对行政违法行为的事后制裁，是最终处理结果；而行政强制措施是行政执法过程中的手段，不是最终处理行为，也不是制裁。

2. 对象不同。行政处罚针对的是违法行为，针对对象是违法者；而行政强制措施针对的可能是违法行为，也可能不是违法行为。

3. 目的不同。行政处罚的目的是制止违法行为。行政强制措施的目的是预防、制止危害公共利益等情形发生。

4. 适用的次数不同。行政处罚适用一事不再罚的原则，即一事一罚或一次性处罚。行政强制措施可以适用一次，特殊情况下也可以对同一相对方持续适用。

5. 形式不同。行政处罚的形式有警告，罚款，没收违法所得、没收非法财物，责令停产停业，暂扣或者吊销许可证、暂扣或者吊销执照，行政拘留等；而行政强制措施通常有限制公民人身自由，查封场所、设施或者财物，扣押财物，冻结存款、汇款等。

案例三　噪声扰民被处罚，不服起诉被驳回

一、引子和案例

（一）案例简介

这个案例是因为在公园使用音响产生噪声污染而引起的。

某派出所民警多次接到群众报警，声称李某在城市公园摆放音响噪声扰民。民警多次让李某另找地方并现场口头警告，但李某不听劝阻，拒不改正。

2017 年 8 月 8 日晚上，民警再次对李某用大功率音响和 50 寸液晶电视等音响设备唱歌干扰他人正常生活的行为予以制止，并作出行政处罚决定书，对李某处以行政罚款 200 元的处罚；并对其音响设备进行扣押。

李某对派出所的行政处罚决定不服，提起行政诉讼，请求法院撤销行政机关的处罚决定。

法院立案后，依法组成合议庭公开开庭进行审理。

李某诉称，在城市公园与群众唱歌，没有干扰附近居民的正常生活，对派出所作出的行政处罚决定不服，请求：1. 撤销派出所所作的行政处罚决定书；2. 派出所承担诉讼费。李某未提交相关证据。

被告派出所辩称，李某在城市公园组织群众唱歌影响到附近小区部分居民的休息和生活，附近群众报警，民警多次出警并对李某进行劝解和警告，但李某不予理睬，拒不改正。有证人证言等证据可以证明。

（二）裁判结果

一审法院依照《中华人民共和国行政诉讼法》的相关规定判决：驳回李某的诉讼请求。本案案件受理费50元，由李某负担。

（三）与案例相关的问题：

按区域的使用功能特点和环境质量要求，我国的声环境功能区分为几种类型？

什么是行政处罚？

治安（管理）处罚和行政处罚有什么关系？

处罚决定书的事项有哪些？

对行政处罚不服，可以通过哪些途径救济？

什么是行政诉讼判决？

什么是行政诉讼第一审判决？

什么是驳回原告诉讼请求判决？

什么是行政诉讼的受案范围？法院应当受理哪些行政案件？

二、相关知识

问：按区域的使用功能特点和环境质量要求，我国的声环境功能区分为几种类型？

答：按区域的使用功能特点和环境质量要求，我国的声环境功能区分为五种类型：

0 类声环境功能区，指康复疗养区等特别需要安静的区域。

1 类声环境功能区，指以居民住宅、医疗卫生、文化教育、科研设计、行政办公为主要功能，需要保持安静的区域。

2 类声环境功能区，指以商业金融、集市贸易为主要功能，或者居住、商业、工业混杂，需要维护住宅安静的区域。

3 类声环境功能区，指以工业生产、仓储物流为主要功能，需要防止工业噪声对周围环境产生严重影响的区域。

4 类声环境功能区，指交通干线两侧一定距离之内，需要防止交通噪声对周围环境产生严重影响的区域，包括 4a 类和 4b 类两种类型。4a 类为高速公路、一级公路、二级公路、城市快速路、城市主干路、城市次干路、城市轨道交通（地面段）、内河航道两侧区域。4b 类为铁路干线两侧区域。

三、与案件相关的法律问题

（一）学理知识

问：什么是行政处罚？

答：行政处罚是指行政机关依照法定职权和程序，对违反行政法规范的公民、法人或其他组织，给予行政制裁的具体行政行为。

《中华人民共和国行政处罚法》规定的行政处罚的种类：（一）警告；（二）罚款；（三）没收违法所得、没收非法财物；（四）责令停产停业；（五）暂扣或者吊销许可证、暂扣或者吊销执照；（六）行政拘留；（七）法律、行政法规规定的其他行政处罚。

问：治安（管理）处罚和行政处罚有什么关系？

答：治安管理处罚是行政处罚的一种，是公安机关对违反治安管理法律规范的公民、法人或其他组织给予行政制裁的具体行政行为。

它不同于其他行政处罚，这主要表现在：

1. 违反治安管理的行为涉及公共秩序、公共安全、社会管理等各个方面，而其他行政处罚，只是针对违反特定的行政法规，如卫生、税收、工商、环保等。

2. 治安管理处罚只能由公安机关实施，而其他行政处罚，可以由几个机关共同实施。

3. 治安管理处罚是比较严厉可以适用限制人身自由的处罚。而其他行政违法行为适用非限制人身自由的行政处罚。

4. 治安管理处罚的时效性较其他行政处罚强。治安管理处罚的追究时效只有六个月，其他行政处罚的追究时效为两年

违反治安管理行为在六个月内没有被公安机关发现的，不再处罚。六个月的期限，从违反治安管理行为发生之日起计算；违反治安管理行为有连续或者继续状态的，从行为终了之日起计算。

其他行政违法行为在二年内未被发现的，不再给予行政处罚。二年的期限，从违法行为发生之日起计算；违法行为有连续或者继续状态的，从行为终了之日起计算。

问：处罚决定书的事项有哪些？

答：行政机关给予行政处罚，应当制作行政处罚决定书。行政处罚决定书应当载明的事项有：

1. 当事人的姓名或者名称、地址；

2. 违反法律、法规或者规章的事实和证据；

3. 行政处罚的种类和依据；

4. 行政处罚的履行方式和期限；

5. 不服行政处罚决定，申请行政复议或者提起行政诉讼的途径和期限；

6. 作出行政处罚决定的行政机关名称和作出决定的日期。

行政处罚决定书必须盖有作出行政处罚决定的行政机关的印章。

问：对行政处罚不服，可以通过哪些途径救济？

答：对于行政机关作出的行政处罚决定，当事人不服的，可以采取行政复议和行政诉讼两种救济途径来维护自身权益。

公民、法人或者其他组织对行政机关所给予的行政处罚，享有陈述权、申辩权；对行政处罚不服的，有权依法申请行政复议或者提起行政诉讼。

行政复议是指当事人针对行政机关作出的处罚决定不服，认为行政执法人员的某些行为侵犯了自己的合法权益，可以依法向作出行政处罚决定的上一级机关申请，对该项处罚进行合法性、适当性审查的一种行政行为。

行政诉讼是当事人认为国家行政机关作出的某些行政行为侵犯了其合法权益，向法院提起诉讼，请求法院撤销行政处罚决定的行为。

问：什么是行政诉讼判决？

答：行政诉讼判决简称行政判决，是指法院审理行政案件终结，根据审理所查清的事实，依据法律规定对行政案件实体问题作出的结论性处理决定。按照不同的标准，可以对行政诉讼判决作出不同的划分。按照审级标准，判决分为一审判决、二审判决和再审判决。按照判决是否发生法律效力，将判决分为生效判决和未生效判决等。

问：什么是行政诉讼第一审判决？

答：行政诉讼第一审判决是指法院在第一审程序中所作的判决，是法院对案件初次做出的判定，当事人对第一审判决不服有权向上一级法院提出上诉。

行政诉讼第一审判决有八种方式，分别为驳回原告诉讼请求判决，撤销判决，履行判决，给付判决，确认违法判决，确认无效判决，变更判决和被告承担继续履行、采取补救措施或者赔偿损失等责任判决。

问：什么是驳回原告诉讼请求判决？

答：驳回原告诉讼请求判决是指法院经审理认为被诉行政行为合法，或者原告申请被告履行法定职责或者给付义务理由不成立的，法院直接作出否定原告诉讼请求的判决。适用于以下情形：

第一，被诉行政行为合法。根据《中华人民共和国行政诉讼法》第六十九条规定，被诉行政行为合法，须同时满足以下三个条件。

一是证据确凿。行政行为所依据的证据确实可靠，并足以证明行政行为认定事实的存在。

二是适用法律、法规正确，是指被诉行政行为所适用的法律、法规及相应条款正确合理。

三是符合法定程序，是指被告作出的行政行为必须符合法律规定的行政程序。

第二，原告申请被告履行法定职责或者给付义务理由不成立的。在原告申请被告履行法定职责或者给付义务的行政案件中，原告申请被告履行法定职责或者给付义务理由不成立，法院应当判决驳回原告的诉讼请求。

问：什么是行政诉讼的受案范围？法院应当受理哪些行政案件？

答：行政诉讼受案范围是指法院受理行政诉讼案件的种类和权限的范围。

法院应当受理的行政案件包括以下内容：

1. 对行政拘留、暂扣或者吊销许可证和执照、责令停产停业、没收违法所得、没收非法财物、罚款、警告等行政处罚不服的；

2. 对限制人身自由或者对财产的查封、扣押、冻结等行政强制措施和行政强制执行不服的；

3. 申请行政许可，行政机关拒绝或者在法定期限内不予答复，或者对行政机关作出的有关行政许可的其他决定不服的；

4. 对行政机关作出的关于确认土地、矿藏、水流、森林、山岭、草原、荒地、滩涂、海域等自然资源的所有权或者使用权的决定不服的；

5. 对征收、征用决定及其补偿决定不服的；

6. 申请行政机关履行保护人身权、财产权等合法权益的法定职责，行政机关拒绝履行或者不予答复的；

7. 认为行政机关侵犯其经营自主权或者农村土地承包经营权、农村土地经营权的；

8. 认为行政机关滥用行政权力排除或者限制竞争的；

9. 认为行政机关违法集资、摊派费用或者违法要求履行其他义务的；

10. 认为行政机关没有依法支付抚恤金、最低生活保障待遇或者社会保险待遇的；

11. 认为行政机关不依法履行、未按照约定履行或者违法变更、解除政府特许经营协议、土地房屋征收补偿协议等协议的；

12. 认为行政机关侵犯其他人身权、财产权等合法权益的。

除了上述的案件，法院也应当受理法律、法规规定可以受理的其他行政案件。

（二）法院裁判的理由

法院认为，原告李某组织群众唱歌，影响到附近居民的正常生活。被告派出所在接到群众报警后多次对原告的行为进行劝解、警告，原告并未改正。被告派出所提供的证据相互印证，李某的行为违反了《中华人民共和国环境噪声污染防治法》的相关规定，依据《中华人民共和国治安管理处罚法》的规定依法对李某处以行政罚款200元、对音响予以收缴的处罚适用法律正确，认定事实清楚，程序合法。

依照《中华人民共和国行政诉讼法》的规定，判决驳回原告李某的诉讼请求。

（三）法院裁判的法律依据

《中华人民共和国环境噪声污染防治法》

第四十五条　禁止任何单位、个人在城市市区噪声敏感建筑物集中区域内使用高音广播喇叭。

在城市市区街道、广场、公园等公共场所组织娱乐、集会等活动，使用音响器材可能产生干扰周围生活环境的过大音量的，必须遵守当地公安机关的规定。

第六十三条　本法中下列用语的含义是：

（一）“噪声排放”是指噪声源向周围生活环境辐射噪声。

（二）“噪声敏感建筑物”是指医院、学校、机关、科研单位、住宅等需要保持安静的建筑物。

（三）“噪声敏感建筑物集中区域”是指医疗区、文教科研区和以机关或者居民住宅为主的区域。

（四）“夜间”是指晚二十二点至晨六点之间的期间。

（五）“机动车辆”是指汽车和摩托车。

《中华人民共和国治安管理处罚法》

第五十八条　违反关于社会生活噪声污染防治的法律规定，制造噪声干扰他人正常生活的，处警告；警告后不改正的，处二百元以上五百元以下罚款。

第十一条　办理治安案件所查获的毒品、淫秽物品等违禁品，赌具、赌资，吸食、注射毒品的用具以及直接用于实施违反治安管理行为的本人所有的工具，应当收缴，按照规定处理。

违反治安管理所得的财物，追缴退还被侵害人；没有被侵害人的，登记造册，公开拍卖或者按照国家有关规定处理，所得款项上缴国库。

第八十九条　公安机关办理治安案件，对与案件有关的需要作为证据的物品，可以扣押；对被侵害人或者善意第三人合法占有的财产，不得扣押，应当予以登记。对与案件无关的物品，不得扣押。

对扣押的物品，应当会同在场见证人和被扣押物品持有人查点清楚，当场开列清单一式二份，由调查人员、见证人和持有人签名或者盖章，一份交给持有人，另一份附卷备查。

对扣押的物品，应当妥善保管，不得挪作他用；对不宜长期保存的物品，按照有关规定处理。经查明与案件无关的，应当及时退还；经核实属于他人合法财产的，应当登记后立即退还；满六个月无人对该财产主张权利或者无法查清权利人的，应当公开拍卖或者按照国家有关规定处理，所得款项上缴国库。

第九十一条　治安管理处罚由县级以上人民政府公安机关决定；其中警告、五百元以下的罚款可以由公安派出所决定。

《中华人民共和国行政诉讼法》

第六十九条　行政行为证据确凿，适用法律、法规正确，符合法定程序的，或者原告申请被告履行法定职责或者给付义务理由不成立的，人民法院判决驳回原告的诉讼请求。

（四）上述案例的启示

对行政处罚不服，可以通过行政诉讼途径救济。

行政诉讼是指公民、法人或者其他组织认为具体行政行为侵犯了其合法权利，依法向法院起诉，法院在当事人及其他诉讼参与人的参加下，依法对被诉具体行政行为进行合法性审查并作出裁判的诉讼活动。

提起行政诉讼应当符合的条件是：

1. 原告是认为具体行政行为侵犯其合法权益的公民、法人或者其他组织；

2. 有明确的被告；

3. 有具体的诉讼请求和事实根据；

4. 属于法院受案范围和受诉法院管辖。

公民、法人或者其他组织直接向法院提起诉讼的，应当自知道或者应当知道作出行政行为之日起六个月内提出。法律另有规定的除外。

因不动产提起诉讼的案件自行政行为作出之日起超过二十年，其他案件自行政行为作出之日起超过五年提起诉讼的，法院不予受理。

本案中，李某就是因为不服处罚决定，向法院提起行政诉讼，请求依法撤销行政处罚决定书。

案例四　小区内跳广场舞，警察未管惹诉讼

一、引子和案例

（一）案例简介

本案是因为噪声扰民，原告认为派出所不履行职责而把公安局起诉到法院。

2013年5月2日，原告周某以居民小区内有人晚上使用音响器材发出噪声影响原告生活为由报警投诉，属地某派出所出警到现场进行了处理。原告对处理结果不满，认为被告未依法履行职责。

原告诉称：原告居住的小区楼下每天晚上都有附近居民使用音响器材跳广场舞，发出的音响噪声严重影响原告的安静生活。

原告于2013年5月2日晚8时拨打110报警，被告某派出所当晚9点派员出警到达现场。

自被告受理原告的报警至今已逾半年，原告在此期间多次往返派出所，以口头或书面形式请求被告依照《中华人民共和国治安管理处罚法》《中华人民共和国环境噪声污染防治法》的相关规定进行处理解决。但对原告的合理诉求，被告无故拖延，无说明、无回复、无结果，被告没有依法履行保护公民人身权利的法定职责，被告的行政不作为

已经违反了《中华人民共和国治安管理处罚法》的相关规定。

原告就此向市公安局申请行政复议，2013 年 10 月 31 日，市公安局作出《行政复议决定书》(2013 年第 25 号)，认定被告已经依法履行了法定职责，驳回原告的复议申请，原告不服，据此起诉，请求人民法院依法判决：1. 确认被告“行政不作为”，并责令被告在一定期限内依法履行职责。2. 由被告承担本案诉讼费用。

被告市公安局某分局辩称：1. 我局某派出所依法受理报警并积极履行了相关义务。2. 根据我国现行的法律法规来看，目前由公安机关对该行为进行处罚还缺乏相应的法律依据。根据《中华人民共和国环境噪声污染防治法》第四十五条规定：“在城市市区街道、广场、公园等公共场所组织娱乐、集会等活动，使用音响器材可能产生干扰周围生活环境的过大音量的，必须遵守当地公安机关的规定。”同时，该法第五十八条规定，前述行为必须是“违反当地公安机关的规定”，才能给予警告，可以并处罚款。而《中华人民共和国治安管理处罚法》第五十八条规定：“违反关于社会生活噪声污染防治的法律规定，制造噪声干扰他人正常生活的，处警告；警告后不改正的，处二百元以上五百元以下罚款。”上述两法从法律效力来看，属于同位法。但根据《中华人民共和国治安管理处罚法》的规定，处罚对象只能是违反了关于社会生活噪声污染防治的法律规定，制造噪声干扰他人正常生活的行为，即明确必须是违反《中华人民共和国环境噪声污染防治法》的行为，而《中华人民共和国环境噪声污染防治法》又要求必须违反当地公安机关的规定。因此，违法与否的前提和基本要件，是看该种行为是否违反当地公安机关的规定。但目前该省市公安机关均未对该行为作出明确规定，所以如果要对跳广场舞声音过大的行为进行处罚，缺乏足够的法律依据。因此，我局已经对相关行为进行了全面调查取证，也做了大量的调解工作，但没有法律禁止或者法律授权，我局不能对该行为进行处罚。同时，由于缺乏相关法律的授权和支持，我局没有关于噪声的鉴定资质，故无法对跳舞音乐是否超过法定标准作出认定。

综上所述，我局在处理该项报警中，严格依法依规，程序履行到位，适用法律准确，文明执法，处置适当，不存在未履行职责、乱作为、不作为等问题。请求人民法院维护我局正当合法的执法行为和民警的合法权益。

原告在起诉时提供了相关证据证明其诉讼主张。被告在举证期限内也向法院提供了相关证据。

（二）裁判结果

法院依据《中华人民共和国行政诉讼法》等规定，判决如下：

1. 责令被告市公安局某分局按照《公安机关办理行政案件程序规定》的相关规定对本案中原告周某的报案作出处理。2. 驳回原告其他诉讼请求。案件受理费 50 元，由被告市公安局某分局负担。如不服本判决，可在判决书送达之日起十五日内，向法院递交上诉状，并按对方当事人的人数提出副本，上诉至市中级人民法院。

（三）与案例相关的问题：

依据《中华人民共和国环境噪声污染防治法》，哪些环境噪声污染由公安机关根据不同情节给予警告或者处以罚款？

依据《中华人民共和国环境噪声污染防治法》，哪些环境噪声污染由公安机关责令改正，可以并处罚款？

《中华人民共和国治安管理处罚法》中，公安机关对环境噪声污染有监督管理职责的规定有哪些？

公民报警要求查处生活噪声问题，公安机关应该如何处理？

本案中周某对派出所的决定不服，申请复议的法律依据是什么?

本案中周某对派出所的决定不服，可以向哪些机关申请行政复议?

假如本案中周某对公安局各区分局、县级局的决定不服，可以向哪个机关申请行政复议?

本案中周某以市公安局某分局为被告提起行政诉讼的法律依据是什么?是否可以不经过复议直接起诉派出所?

二、相关知识

问:依据《中华人民共和国环境噪声污染防治法》，哪些环境噪声污染由公安机关根据不同情节给予警告或者处以罚款?

答:依据《中华人民共和国环境噪声污染防治法》第五十四条、第十九条的规定，在城市范围内从事生产活动确需排放偶发性强烈噪声的，必须事先向当地公安机关提出申请，经批准后方可进行。当地公安机关应当向社会公告。违反上述的规定，未经当地公安机关批准，进行产生偶发性强烈噪声活动的，由公安机关根据不同情节给予警告或者处以罚款。

问:依据《中华人民共和国环境噪声污染防治法》，哪些环境噪声污染由公安机关责令改正，可以并处罚款?

答:依据《中华人民共和国环境噪声污染防治法》第六十条、第四十四条第一款规定，在商业经营活动中使用高音广播喇叭或者采用其他发出高噪声的方法招揽顾客，造成环境噪声污染的，由公安机关责令改正，可以并处罚款。

省级以上人民政府依法决定由县级以上地方人民政府生态环境主管部门行使前款规定的行政处罚权的，从其决定。

三、与案件相关的法律问题

（一）学理知识

问:《中华人民共和国治安管理处罚法》中，公安机关对环境噪声污染有监督管理职责的规定有哪些?

答:《中华人民共和国治安管理处罚法》的第七条、第五十八条规定了公安机关对环境噪声有监督管理职责。

第七条规定:“国务院公安部门负责全国的治安管理工作。县级以上地方各级人民政府公安机关负责本行政区域内的治安管理工作。治安案件的管辖由国务院公安部门规定。”

第五十八条规定:“违反关于社会生活噪声污染防治的法律规定，制造噪声干扰他人正常生活的，处警告;警告后不改正的，处二百元以上五百元以下罚款。”

问:公民报警要求查处生活噪声问题，公安机关应该如何处理?

答:《公安机关办理行政案件程序规定》第六十一条:“公安机关应当对报案、控告、举报、群众扭送或者违法嫌疑人投案分别作出下列处理，并将处理情况在接报案登记中注明:（一）对属于本单位管辖范围内的案件，应当立即调查处理，制作受案登记表和受案回执，并将受案回执交报案人、控告人、举报人、扭送人;（二）对属于公安机关职责范围，但不属于本单位管辖的，应当在二十四小时内移送有管辖权的单位处理，并告知报案人、控告人、举报人、扭送人、投案人;（三）对不属于公安机关职责范围的事项，在接报案时能够当场判断的，应当立即口头告知报案人、控告人、举报人、扭送人、投案人向其他主管机关报案或者投案，报案人、控告人、举报人、扭送人、投案人对口头告知内容有异议或者不能当场判断的，应当书面告知，但因没有联系方式、身份不明等客观原因无法书面告知的除外。在日常执法执勤中发现的违法行为，适用前款规定。”

问：本案中周某对派出所的决定不服，申请复议的法律依据是什么？

答：《中华人民共和国行政复议法》第六条规定了行政复议的受案范围：

有下列情形之一的，公民、法人或者其他组织可以依照本法申请行政复议：

（一）对行政机关作出的警告、罚款、没收违法所得、没收非法财物、责令停产停业、暂扣或者吊销许可证、暂扣或者吊销执照、行政拘留等行政处罚决定不服的；

（二）对行政机关作出的限制人身自由或者查封、扣押、冻结财产等行政强制措施决定不服的；

（三）对行政机关作出的有关许可证、执照、资质证、资格证等证书变更、中止、撤销的决定不服的；

（四）对行政机关作出的关于确认土地、矿藏、水流、森林、山岭、草原、荒地、滩涂、海域等自然资源的所有权或者使用权的决定不服的；

（五）认为行政机关侵犯合法的经营自主权的；

（六）认为行政机关变更或者废止农业承包合同，侵犯其合法权益的；

（七）认为行政机关违法集资、征收财物、摊派费用或者违法要求履行其他义务的；

（八）认为符合法定条件，申请行政机关颁发许可证、执照、资质证、资格证等证书，或者申请行政机关审批、登记有关事项，行政机关没有依法办理的；

（九）申请行政机关履行保护人身权利、财产权利、受教育权利的法定职责，行政机关没有依法履行的；

（十）申请行政机关依法发放抚恤金、社会保险金或者最低生活保障费，行政机关没有依法发放的；

（十一）认为行政机关的其他具体行政行为侵犯其合法权益的。

本案中周某申请行政复议就是依据第（九）项的规定，即申请行政机关履行保护人身权利、财产权利、受教育权利的法定职责，行政机关没有依法履行。

问：本案中周某对派出所的决定不服，可以向哪些机关申请行政复议？

答：《中华人民共和国行政复议法》第十五条第一款第（二）项规定，“对政府工作部门依法设立的派出机构依照法律、法规或者规章规定，以自己的名义作出的具体行政行为不服的，向设立该派出机构的部门或者该部门的本级地方人民政府申请行政复议。”因此，对公安派出所作出的具体行政行为不服的，可向设立该派出所的公安分局（县级局）申请行政复议。

问：假如本案中周某对公安局各区分局、县级局的决定不服，可以向哪个机关申请行政复议？

答：《中华人民共和国行政复议法》第十二条规定：“对县级以上地方各级人民政府工作部门的具体行政行为不服的，由申请人选择，可以向该部门的本级人民政府申请行政复议，也可以向上一级主管部门申请行政复议。对海关、金融、国税、外汇管理等实行垂直领导的行政机关和国家安全机关的具体行政行为不服的，向上一级主管部门申请行政复议。”

因此，周某对市公安局各区分局、县级局作出的具体行政行为不服，可以向各区分局、县级局的本级人民政府申请行政复议，也可以向上一级市公安局申请行政复议。比如，对北京市公安局海淀分局作出的具体行政行为不服的，申请人可以向海淀分局的本级人民政府，即海淀区人民政府申请行政复议，也可以向上一级市公安局，即北京市公安局申请行政复议。

问：本案中周某以市公安局某分局为被告提起行政诉讼的法律依据是什么？是否可以不经过复议直接起诉派出所？

答：本案的原告周某对公安局的《行政复议决定书》不服，以市公安局某分局为被告提起行政诉讼的法律依据是《中华人民共和国行政诉讼法》第二十六条第二款规定："经复议的案件，复议机关决定维持原行政行为的，作出原行政行为的行政机关和复议机关是共同被告；复议机关改变原行政行为的，复议机关是被告。"

周某也可以不经过行政复议直接起诉派出所，《中华人民共和国行政诉讼法》第二十六条第一款规定："公民、法人或者其他组织直接向人民法院提起诉讼的，作出行政行为的行政机关是被告。"

（二）法院裁判的理由

法院认为，根据《中华人民共和国治安管理处罚法》第七条、第五十八条的规定，"违反关于社会生活噪声污染防治的法律规定，制造噪声干扰他人正常生活的"属于一种妨害社会管理的行为，对该类行为的查处属于公安机关的法定职责。根据《中华人民共和国环境噪声污染防治法》第五十八条第一款第（二）项规定，"违反本法规定，有下列行为之一的，由公安机关给予警告，可以并处罚款：（二）违反当地公安机关的规定，在城市市区街道、广场、公园等公共场所组织娱乐、集会等活动，使用音响器材，产生干扰周围生活环境的过大音量的"，所以对使用音响器材产生噪声干扰周围生活环境的行为查处也属于公安机关的法定职责，因此，本案原告的报警事项属于当地公安机关即被告的职责范围。原告的报警事项已经涉嫌违反《中华人民共和国治安管理处罚法》第五十八条的规定，被告在接到110报警服务台转来的原告报警信息后即可以视为收到报案，应当作为行政案件及时登记受理，按照《公安机关办理行政案件程序规定》中规定的程序进行调查处理，并在《公安机关办理行政案件程序规定》第一百四十一条规定的期限内作出处理决定。在被告2013年5月2日受理原告的报警至原告提起诉讼的半年多时间里，虽然原告多次报警、多方投诉，被告也做了大量的调查走访、劝说协调工作，但对于原告报案中所称的部分居民在原告楼下跳广场舞并使用音响器材这一行为是否存在违法事项，是否需要作出行政处罚等实质问题一直没有作出明确认定，对案件也至今没有做出处理决定，应当认定被告系拖延履行法定职责。被告在首次出警时向原告出具的接处警案（事）件登记表不能视为对原告报警事项的正式处理决定。当地公安机关没有就《中华人民共和国环境噪声污染防治法》第四十五条中所称“在城市市区街道、广场、公园等公共场所组织娱乐、集会等活动，使用音响器材可能产生干扰周围生活环境的过大音量的”这一情况的处理作出具体规定，不能成为被告拖延履行法定职责的理由。即使被告认为根据现行法律法规的规定，对居民使用音响的行为作出行政处罚没有法律依据，也应当在调查清楚案件事实的基础上依法作出不予处罚的决定或者其他相应的处理决定，而不应没有任何处理结果。

综上所述，被告在受理了原告的报案后，未在法定期限内完成该案的办理，系拖延履行法定职责。

被告提出的受理报警后已积极履行了相关义务的答辩意见与事实不符，法院不予采纳；被告提出的根据现行法律法规，公安机关对原告报警事项进行行政处罚缺乏法律依据的答辩意见，不能成为被告不在法定期限内完成行政案件办理的正当理由，法院不予采纳。

根据《中华人民共和国行政诉讼法》第五十四条第一款第（三）项的规定，被告拖延履行法定职责的，应当判决其在一定期限内履行，原告要求确认被告"行政不作为"的诉讼请求，没有法律依据，法院不予支持；原告要求责令被告在一定期限内依法履行职责的诉讼请求符合法律规定，法院予以支持，被告应当按照《公安机关办理行政案件程序规定》的相关规定履行法定职责，对原告的报案进行处理。

（三）法院裁判的法律依据

《中华人民共和国治安管理处罚法》

第七条　国务院公安部门负责全国的治安管理工作。县级以上地方各级人民政府公安机关负责本行政区域内的治安管理工作。

治安案件的管辖由国务院公安部门规定。

第五十八条　违反关于社会生活噪声污染防治的法律规定，制造噪声干扰他人正常生活的，处警告；警告后不改正的，处二百元以上五百元以下罚款。

《中华人民共和国环境噪声污染防治法》

第五十八条　违反本法规定，有下列行为之一的，由公安机关给予警告，可以并处罚款：

（一）在城市市区噪声敏感建筑物集中区域内使用高音广播喇叭；

（二）违反当地公安机关的规定，在城市市区街道、广场、公园等公共场所组织娱乐、集会等活动，使用音响器材，产生干扰周围生活环境的过大音量的；

（三）未按本法第四十六条和第四十七条规定采取措施，从家庭室内发出严重干扰周围居民生活的环境噪声的。

《公安机关办理行政案件程序规定》(2012年)

第四十七条　公安机关对报案、控告、举报、群众扭送或者违法嫌疑人投案，以及其他行政主管部门、司法机关移送的案件，应当及时受理，制作受案登记表，并分别作出以下处理：

(一)对属于本单位管辖范围内的事项，应当及时调查处理；

(二)对属于公安机关职责范围，但不属于本单位管辖的，应当在受理后的二十四小时内移送有管辖权的单位处理，并告知报案人、控告人、举报人、扭送人、投案人；

(三)对不属于公安机关职责范围内的事项，书面告知报案人、控告人、举报人、扭送人、投案人向其他有关主管机关报案或者投案。

公安机关接受案件时，应当制作受案回执单一式二份，一份交报案人、控告人、举报人、扭送人，一份附卷。

公安机关及其人民警察在日常执法执勤中发现的违法行为，适用第一款的规定。

第一百四十一条　公安机关办理治安案件的期限，自受理之日起不得超过三十日；案情重大、复杂的，经上一级公安机关批准，可以延长三十日。办理其他行政案件，有法定办案期限的，按照相关法律规定办理。

为了查明案情进行鉴定的期间，不计入办案期限。

对因违反治安管理行为人逃跑等客观原因造成案件在法定期限内无法作出行政处理决定的，公安机关应当继续进行调查取证，并向被侵害人说明情况，及时依法作出处理决定。

《中华人民共和国行政诉讼法》(1989年)

第五十四条　人民法院经过审理，根据不同情况，分别作出以下判决：

（一）具体行政行为证据确凿，适用法律、法规正确，符合法定程序的，判决维持。

（二）具体行政行为有下列情形之一的，判决撤销或者部分撤销，并可以判决被告重新做出具体行政行为：

1. 主要证据不足的；

2. 适用法律、法规错误的；

3. 违反法定程序的；

4. 超越职权的；

5. 滥用职权的。

（三）被告不履行或者拖延履行法定职责的，判决其在一定期限内履行。

（四）行政处罚显失公正的，可以判决变更。

（四）上述案例的启示

依据《中华人民共和国环境噪声污染防治法》第五十八条、第四十六条、第四十七条的规定，有下列行为之一的，由公安机关给予警告，可以并处罚款：

（一）在城市市区噪声敏感建筑物集中区域内使用高音广播喇叭；

（二）违反当地公安机关的规定，在城市市区街道、广场、公园等公共场所组织娱乐、集会等活动，使用音响器材，产生干扰周围生活环境的过大音量的；

（三）没有按照以下规定采取措施，从家庭室内发出严重干扰周围居民生活的环境噪声的：

1. 使用家用电器、乐器或者进行其他家庭室内娱乐活动时，应当控制音量或者采取其他有效措施，避免对周围居民造成环境噪声污染。

2. 在已竣工交付使用的住宅楼进行室内装修活动，应当限制作业时间，并采取其他有效措施，以减轻、避免对周围居民造成环境噪声污染。

第三部分　刑事篇

案例一　噪声扰民被报警，妨害公务被处罚

一、引子和案例

（一）案例简介

噪声污染可能引起刑事案件。以下的案例就是因为餐厅噪声扰民，群众报警，警察出警后，餐厅工作人员又阻挠殴打警察，触犯刑律被处罚的事件。

2017 年 7 月 17 日 22 时许，山东省日照市公安局某派出所接群众举报，称日照市东港区某烧烤城内一餐厅的音乐噪声扰民。该所民警武某、辅警李 A 等人着警服到现场处理。被告人高 A、高 B 采用撕扯、拳打等方式阻碍民警执行公务，致使辅警李 A 唇部损伤，构成轻微伤。案发后，被告人高 A、高 B 被公安机关抓获。

公诉机关认为，被告人高 A、高 B 暴力袭击正在依法执行职务的人民警察，妨害了社会管理秩序，应依照《中华人民共和国刑法》第二百七十七条之规定，以妨害公务罪追究二被告人的刑事责任。

另查明，民警武某、李 A、王某对被告人高 A、高 B 的行为表示谅解。

上述事实，被告人高 A、高 B 在开庭审理过程中均无异议，自愿认罪，且有受案登记表、立案决定书、强制措施法律文书、日照市公

安局110接处警单、人民警察证、破案经过、抓获经过、办案说明、谅解书、户籍证明等书证，证人张某、李B等人的自述材料，被害人李A、王某、武某的自述材料，被告人高A、高B的供述与辩解，日照市公安局东港分局（东）公（刑）鉴（伤）字（2017）×号法医学人体损伤程度鉴定书等证据证实，足以认定。

法院认为，被告人高A、高B暴力袭击正在依法执行职务的人民警察，妨害了社会管理秩序，其行为构成妨害公务罪。公诉机关对二被告人指控的罪名成立。二被告人共同实施了妨害公务的行为，系共同犯罪，暴力袭击正在依法执行职务的人民警察，对二被告人依法应从重处罚。被告人高A、高B被公安机关抓获归案后，如实供述犯罪事实并自愿认罪，依法可以从轻处罚；已取得被害人的谅解，可以酌情从轻处罚。

（二）裁判结果

法院依法判决：被告人高A犯妨害公务罪，判处罚金人民币2万元（罚金已缴纳）；被告人高B犯妨害公务罪，判处罚金人民币2万元（罚金已缴纳）。

（三）与案例相关的问题：

公民遭遇噪声污染，可否直接报警？

什么是妨害公务罪？

对于刑事犯罪，从轻处罚的理由有哪些？

共同犯罪的成立条件有哪些？

二、相关知识

问：公民遭遇噪声污染，可否直接报警？

答:《中华人民共和国治安管理处罚法》第五十八条规定:“违反关于社会生活噪声污染防治的法律规定,制造噪声干扰他人正常生活的,处警告;警告后不改正的,处二百元以上五百元以下罚款。”

因此,噪声污染扰民属于公安机关办案范围。公民遭遇噪声污染时,必要情况下,可以直接报警,要求公安机关进行处理。

三、与案件相关的法律问题

(一)学理知识

问:什么是妨害公务罪?

答:妨害公务罪,是指以暴力、威胁方法阻碍国家机关工作人员依法执行职务的;以暴力、威胁方法阻碍全国人民代表大会和地方各级人民代表大会代表依法执行代表职务的;在自然灾害和突发事件中,以暴力、威胁方法阻碍红十字会工作人员依法履行职责的;故意阻碍国家安全机关、公安机关依法执行国家安全工作任务,未使用暴力、威胁方法,造成严重后果的行为。

问:对于刑事犯罪,从轻处罚的理由有哪些?

答:依据我国刑法,量刑从轻情节分法定情节和酌定情节,量刑从轻处罚情节包括:

1. 自首、立功;

2. 防卫过当、紧急避险过当;

3. 预备犯、未遂犯、中止犯;

4. 已满十四周岁未满十八岁的;间歇性精神病人;又聋又哑的人、盲人,等等。

问:共同犯罪的成立条件有哪些?

答:共同犯罪是指二人以上共同故意犯罪。

二人以上共同过失犯罪，不以共同犯罪论处；应当负刑事责任的，按照他们所犯的罪分别处罚。

共同犯罪的成立条件：必须二人以上、必须有共同的犯罪故意、必须有共同的犯罪行为。

1. 主体要件是必须二人以上。

共同犯罪的主体必须是两个以上达到刑事责任年龄、具备刑事责任能力的人。这里所说的人，既指自然人，又包括单位。

2. 主观要件是必须有共同的犯罪故意。

共同故意包括两点：首先，共犯人都有犯罪故意；其次，共犯人都有相互协作的意思。

3. 客观要件是必须有共同的犯罪行为。

所谓共同的犯罪行为是指各共同犯罪人的行为指向同一犯罪事实，互相联系，相互配合，形成一个与犯罪结果有因果关系的有机整体。每一个犯罪人的犯罪行为，都是共同犯罪的有机组成部分。

（二）法院裁判的理由

法院认为，被告人高A、高B暴力袭击正在依法执行职务的人民警察，妨害了社会管理秩序，其行为构成妨害公务罪。公诉机关对二被告人指控的罪名成立。二被告人共同实施了妨害公务的行为，系共同犯罪，暴力袭击正在依法执行职务的人民警察，对二被告人依法应从重处罚。被告人高A、高B被公安机关抓获归案后，如实供述犯罪事实并自愿认罪，依法可以从轻处罚；已取得被害人谅解，可以酌情从轻处罚。法院依法判决：被告人高A犯妨害公务罪，判处罚金人民币2万元（罚金已缴纳）；被告人高B犯妨害公务罪，判处罚金人民币2万元（罚金已缴纳）。

（三）法院裁判的法律依据

《中华人民共和国刑法》

第二百七十七条第一款、第五款　以暴力、威胁方法阻碍国家机关工作人员依法执行职务的，处三年以下有期徒刑、拘役、管制或者罚金。

暴力袭击正在依法执行职务的人民警察的，依照第一款的规定从重处罚。

第二十五条　共同犯罪是指二人以上共同故意犯罪。

二人以上共同过失犯罪，不以共同犯罪论处；应当负刑事责任的，按照他们所犯的罪分别处罚。

第六十七条第三款　犯罪嫌疑人虽不具有前两款规定的自首情节，但是如实供述自己罪行的，可以从轻处罚；因其如实供述自己罪行，避免特别严重后果发生的，可以减轻处罚。

（四）上述案例的启示

1. 社会中每个人都应该主动预防噪声的产生，避免因噪声影响邻居的日常生活。

2. 对法律要有敬畏之心，要敬畏法律、服从执法者。对执法行为有异议，可以投诉、举报，但不可以有对抗执法的行为。

案例二　因噪声影响休息，引发故意杀人案

一、引子和案例

（一）案例简介

本案起因是噪声污染，结果却是杀人害命。

被告人陈某居住在上海市铜川路××弄××号××室，被害人高某居住在上述地址的602室。陈某因认为高某长期制造噪声影响其休息，遂起意杀人。2014年9月24日18时许，陈某持尖刀守候在其住处楼道内，趁被害人高某不备，持刀捅刺高某胸部、头面部、颈部等处数十刀，致高某心脏破裂、左颈内静脉离断、失血性休克死亡。

之后，陈某返回家中。18时20分，民警接群众报警后赶至现场。18时46分，陈某的母亲董某拨打社区民警电话代为投案，并按要求与陈某等在家中。19时许，民警在陈某家中将其抓获。被告人陈某到案后如实供述其犯罪事实。

经鉴定，陈某患有××疾病性障碍（××疾病），案发时处于发病期，目前病情尚未缓解，对本案具有限制刑事责任能力，目前具有受审能力。

《法医学尸体检验鉴定书》结论证实，高某系生前被他人用锐器刺

戳胸部、切割左颈部等处，造成心脏破裂，左颈内静脉离断，致失血性休克而死亡。

被告人陈某供称，1999年开始，自己在家中经常听到楼上有拍篮球、跑来跑去和用力关门的声音，而且声音很响，严重影响其生活。2012年5月，陈某辞职后一直待在家中，觉得楼上吵闹的声音越来越大，陈某和父母换房间睡觉，但到了晚上还是觉得有声音，陈某睡不好觉就去买了耳塞，陈某的父母也去楼上和对方交涉，但是没有效果。后来陈某向父母提出要搬家，父母说没有能力买房，陈某觉得很不开心。2010年，陈某开始在网上买彩票，想通过中大奖买房搬家，从开始的十几元到后来每月用上万元买彩票，几乎花完了所有的积蓄。当陈某感觉没有希望搬家的时候，就决定动手杀掉楼上的男子。

（二）裁判结果

判决被告人陈某犯故意杀人罪，判处有期徒刑十五年，剥夺政治权利四年。

（三）与案例相关的问题：

刑事附带民事诉讼的原告可否主张精神损害赔偿？

我国司法机关在办理刑事案件时是如何分工的？

什么是限制刑事责任能力人？

刑法对自首是如何规定的？

法院认为本案被告人陈某是限制刑事责任能力人的标准是什么？

本案被告人陈某有什么从轻处罚的量刑情节？

二、相关知识

问：刑事附带民事诉讼的原告可否主张精神损害赔偿？

答：我国刑事附带民事诉讼的赔偿范围，仅限于因被告人的犯罪行为所造成的物质方面的损失，因此，主张精神损害赔偿，法院不会支持。

三、与案件相关的法律问题

（一）学理知识

问：我国司法机关在办理刑事案件时是如何分工的？

答：对刑事案件的侦查、拘留、执行逮捕、预审，由公安机关负责。检察、批准逮捕、检察机关直接受理的案件的侦查、提起公诉，由人民检察院负责。审判由人民法院负责，人民法院审理案件实行两审终审制。

问：什么是限制刑事责任能力人？

答：限制刑事责任能力人是指刑法中规定具有承担刑事责任的能力，但可以从轻或减轻处罚的主体，包括以下四种情况：

1. 已满十四周岁不满十六周岁的未成年人（不包括十四周岁以下的，十四周岁以下是完全无刑事责任能力人）。《中华人民共和国刑法》规定，对于已满十四周岁不满十六周岁的人，犯故意杀人、故意伤害致人重伤或死亡、强奸、抢劫、贩卖毒品、放火、爆炸、投放危险物质罪的，应当负刑事责任。即除了上述8种罪外，该年龄段的人不负刑事责任。同时《中华人民共和国刑法》明确规定："已满十四周岁不满十八周岁的人犯罪，应当从轻或者减轻处罚。"

2. 尚未完全丧失辨认或者控制能力的精神病人（完全丧失辨认和控制能力的精神病人属于完全不负刑事责任人）可以从轻减轻处罚。

3. 已满七十五周岁者。该年龄段的人故意犯罪可以从轻减轻处罚，过失犯罪应当从轻减轻处罚。

4. 生理缺陷者（聋哑人、盲人）可以从轻减轻处罚或免除处罚。

问：刑法对自首是如何规定的？

答：自首是指犯罪后自动投案，向公安、司法机关或其他有关机关如实供述自己的罪行的行为。对于自首的犯罪分子，可以从轻或减轻处罚。其中，犯罪较轻的可以免除处罚。被采取强制措施的犯罪嫌疑人、被告人和正在服刑的罪犯，如实供述司法机关还未掌握的本人其他罪行的，以自首论。犯罪嫌疑人虽不具有前两款规定的自首情节，但是如实供述自己罪行的，可以从轻处罚；因其如实供述自己罪行，避免特别严重后果发生的，可以减轻处罚。

问：法院认为本案被告人陈某是限制刑事责任能力人的标准是什么？

答：法院认为本案被告人陈某是限制刑事责任能力人，是根据他的刑事责任能力确定的。

刑事责任能力指行为人构成犯罪和承担刑事责任所必须具备的辨认和控制自己行为的能力，刑事责任能力分四种情况。

1. 无刑事责任能力，是指行为人没有达到法定刑事责任年龄，或者达到法定刑事责任年龄但是不具备或者丧失了辨认或控制自己行为的能力。无刑事责任能力人实施刑法所禁止的危害行为不构成犯罪，不负刑事责任。

刑法规定，不满 14 周岁的人，完全不负刑事责任。

精神病人在不能辨认或者不能控制自己行为的时候造成危害结果，经法定程序鉴定确认的，不负刑事责任，但是应当责令他的家属或者监护人严加看管和医疗；在必要的时候，由政府强制医疗。

2. 相对无刑事责任能力，也称相对有刑事责任能力，指行为人仅对刑法所明文规定的某些严重犯罪具有刑事责任能力，而对未明确限定的其他危害行为无刑事责任能力。已满 14 周岁不满 16 周岁的人，对犯故意杀人、故意伤害致人重伤或者死亡、强奸、抢劫、贩卖毒品、放火、爆炸、投毒罪的，有刑事责任能力，而对其他危害行为无刑事责任能力。

又聋又哑的人或者盲人犯罪，可以从轻、减轻或者免除处罚。

尚未完全丧失辨认或者控制自己行为能力的精神病人犯罪的，应当负刑事责任，但是可以从轻或者减轻处罚。

3. 完全刑事责任能力，是指行为人达到法定刑事责任年龄并且精神正常而具有辨认和控制自己行为的能力。完全刑事责任能力人，应当对自己的犯罪行为负刑事责任。

刑法规定，年满 16 周岁并且具有辨认能力和控制能力的人，是具有完全刑事责任能力的人。

醉酒的人犯罪，应当负刑事责任。

间歇性的精神病人在精神正常的时候犯罪，应当负刑事责任。

4. 从轻、减轻或者免除处罚的限制刑事责任能力。

又聋又哑的人或者盲人犯罪，可以从轻、减轻或者免除处罚。

尚未完全丧失或者控制自己行为的精神病人犯罪的，应当负刑事责任，但是可以从轻或者减轻处罚。

问：本案被告人陈某有什么从轻处罚的量刑情节？

答：法院认为被告人陈某系自首，属从轻处罚的量刑情节，依法可从轻处罚。

量刑情节是指由刑事法律规定或认可的定罪事实以外的，体现犯罪行为社会危害程度和犯罪人的人身危险性大小，据以决定对犯罪人是否处刑以及处刑轻重所应当或可以考虑的各种事实情况。

从轻处罚，简称从轻，是在法定刑范围内对犯罪分子适用刑种较轻或刑期较短的刑罚。可以从轻或者减轻处罚的情节有尚未完全丧失辨认或者控制自己行为能力的精神病人犯罪的，已满 75 周岁的人故意犯罪的，未遂犯，被教唆的人没有犯被教唆的罪时的教唆犯，自首的，有立功表现的，按照被买妇女的意愿不阻碍其返回原居住地的，在被追诉前主动交代行贿行为的。

（二）法院裁判的理由

法院认为，被告人陈某非法剥夺他人生命，致一人死亡，其行为已构成故意杀人罪，公诉机关指控的罪名成立。被告人陈某明知他人报警仍在现场等候直至被公安人员抓获，且到案后如实供述自己的罪行，系自首，依法可从轻处罚。被告人陈某系限制刑事责任能力人，依法可从轻处罚。被告人陈某家属代为对被害人家属进行经济赔偿，被害人家属表示接受，故对陈某可酌情从轻处罚，辩护人关于陈某构成自首且系限制刑事责任能力人，请求从轻处罚的辩护意见，法院予以采纳。判决被告人陈某犯故意杀人罪，判处有期徒刑十五年，剥夺政治权利四年。

（三）法院裁判的法律依据

《中华人民共和国刑法》

第二百三十二条　故意杀人的，处死刑、无期徒刑或者十年以上有期徒刑；情节较轻的，处三年以上十年以下有期徒刑。

第十八条第三款　尚未完全丧失辨认或控制自己行为能力的精神病人犯罪的，应当负刑事责任，但是可以从轻或者减轻处罚。

第六十七条　犯罪以后自动投案，如实供述自己的罪行的，是自首。对于自首的犯罪分子，可以从轻或者减轻处罚。其中，犯罪较轻的，可以免除处罚。

第五十六条　对于危害国家安全的犯罪分子应当附加剥夺政治权利；对于故意杀人、强奸、放火、爆炸、投毒、抢劫等严重破坏社会秩序的犯罪分子，可以附加剥夺政治权利。

《最高人民法院关于处理自首和立功具体应用法律若干问题的解释》

第一条　根据刑法第六十七条第一款的规定，犯罪以后自动投案，如实供述自己的罪行的，是自首。

（一）自动投案，是指犯罪事实或者犯罪嫌疑人未被司法机关发觉，或者虽被发觉，但犯罪嫌疑人尚未受到讯问、未被采取强制措施时，主动、直接向公安机关、人民检察院或者人民法院投案。

犯罪嫌疑人向其所在单位、城乡基层组织或者其他有关负责人员投案的；犯罪嫌疑人因病、伤或者为了减轻犯罪后果，委托他人先代为投案，或者先以信电投案的；罪行尚未被司法机关发觉，仅因形迹可疑，被有关组织或者司法机关盘问、教育后，主动交代自己的罪行的；犯罪后逃跑，在被通缉、追捕过程中，主动投案的；经查实确已准备去投案，或者正在投案途中，被公安机关捕获的，应当视为自动投案。

并非出于犯罪嫌疑人主动，而是经亲友规劝、陪同投案的；公安机关通知犯罪嫌疑人的亲友，或者亲友主动报案后，将犯罪嫌疑人送去投案的，也应当视为自动投案。

犯罪嫌疑人自动投案后又逃跑的，不能认定为自首。

（四）上述案例的启示

噪声行为，看似小事，实际上，噪声会引起人们情绪波动，容易引发激烈的矛盾冲突，并进而引发暴力事件，给当事人的身体和生命造成损害，因此，应予以警惕。同时，在行使权利、享受便利时，应考虑和照顾到噪声可能影响到他人的利益，要避免引起冲突。同样，遇到噪声侵权时，记往，暴力不能解决问题，不但不能维权，消除噪声污染，而且会给自己带来法律风险。采取了极端的、错误的手段，会严重侵害他人的生命、健康等合法权利。

案例三　酒后砸手机太吵，惹纠纷引发血案

一、引子和案例

（一）案例简介

本案因酒后行为失度，乱敲手机，影响他人休息而引发的命案。

2016年12月25日22时20分，侯某、胡某与向某（在逃）、张某、桂某等人在某市某区万科中央公园工地生活区8幢206室的木工班宿舍喝酒，其间因向某酒后敲砸手机影响工地其他员工休息，住在楼下105泥工班宿舍的黄A上门劝说，与之引发口角，随后侯某、胡某等多人追赶黄A到一楼继续争执，并与黄A同宿舍的黄B、黄C（系本案被害人黄B之子）等人发生打斗，被告人侯某先后使用菜刀、橡胶锤等工具，胡某使用羊角锤参与。其间，被告人胡某锤击黄C头部致黄C倒地；被告人侯某先锤击黄B头部致黄B倒地，后又锤击倒地的黄C头部、腿部。

被害人黄B经医院抢救无效，终因伤重不治于2017年5月18日死亡。被害人黄C之损伤已构成重伤二级。

另查明，被告人侯某、胡某的致害行为，给附带民事诉讼原告人黄C、丁某（系本案被害人黄B妻子）造成重大经济损失。其中被害

人黄B花费医疗费233,491.38元、被害人黄C花费医疗费135,723.6元。

经某市公安司法鉴定中心鉴定，被检人黄C之损伤已构成重伤二级。

法院审理查明：在案有多名目击证人的证言及辨认笔录，一致指认被告人侯某先持菜刀、后持橡胶锤（皮锤）对被害人黄B实施殴打，并锤击黄B头部致黄B当场倒地不起，随后，侯某又锤击已经倒地的黄C的右腿、头部。被害人黄C陈述证明其受伤倒地后被人用皮锤（橡胶锤）砸击右大腿。案发后该橡胶锤亦被侯某带回宿舍并被公安机关查获。被害人黄B经医院诊断为创伤性特重型颅脑外伤，损伤集中在颅脑右部，终因伤重不治死亡；黄C眶骨、额骨粉碎性、凹陷性骨折，致眼球破裂、颅内出血，右股骨完全骨折，符合遭钝性外力作用所致。结合证人证言、被害人陈述、病历及鉴定意见，确认被告人侯某的锤击行为造成被害人黄B死亡，与胡某共同致黄C重伤。

（二）裁判结果

法院依法判决如下：1. 被告人侯某犯故意伤害罪，判处死刑，剥夺政治权利终身。2. 被告人胡某犯故意伤害罪，判处有期徒刑十年，剥夺政治权利一年。3. 被告人侯某赔偿附带民事诉讼原告人丁某、黄C死亡赔偿金、丧葬费、医疗费、护理费等经济损失人民币25万元，被告人胡某赔偿附带民事诉讼原告人丁某、黄C死亡赔偿金、丧葬费、医疗费、护理费等经济损失人民币5万元。被告人侯某赔偿附带民事诉讼原告人黄C医疗费、残疾赔偿金、被抚养人生活费、护理费、误工费等经济损失人民币5万元，被告人胡某赔偿附带民事诉讼原告人黄C医疗费、残疾赔偿金、被抚养人生活费、护理费、误工费等经济损失人民币15万元。二被告人对上述赔偿总额人民币50万元负连带赔偿责任。

（三）与案例相关的问题：

刑事附带民事赔偿额度按什么标准计算？

我国对死刑有哪些限制性规定？

什么是死刑缓期执行？

刑法对共同犯罪中的主犯和从犯是如何规定的？

共同犯罪中，共犯如何承担刑事责任？

剥夺政治权利终身，是剥夺哪些权利？

二、相关知识

问：刑事附带民事赔偿范围有哪些？

答：有人身损害赔偿和财产损害赔偿。

人身损害赔偿包括：

1. 医疗费。按实际产生的费用，以从医学角度治疗身体损害必要为限，不包括因整形、康复治疗而产生的费用。

2. 误工费。以被害人工作单位实际扣发为限，且不高于当地平均生活水平的三倍。

3. 护理费。指根据医治需要而实际支出的护理人员费用，以不高于医院护理人员的实际收入为限。

4. 交通费。以必要和实际开支为限。

5. 住院伙食补助费。按照当地国家机关一般工作人员的出差伙食补助标准计算。

6. 被抚养人生活费。依照被害人丧失劳动能力程度，以法院所在地上一年度城镇居民人均消费性支出标准计算。

7. 丧葬费。按法院所在地上一年度职工月平均工资标准，以六个月总额计算。

财产损害赔偿包括：

1. 因犯罪行为而遭受损坏的自然人、法人或其他组织的财物损失。

2. 犯罪行为损坏的财物所必然产生的经济损失，如修理费等。

三、与案件相关的法律问题

（一）学理知识

问：我国对死刑有哪些限制性规定？

答：死刑是剥夺犯罪分子生命的刑罚方法，是刑罚体系中最严厉的惩罚手段。我国对死刑有一些限制性规定。

1. 适用条件限制

《中华人民共和国刑法》第四十八条第一款："死刑只适用于罪行极其严重的犯罪分子。"所谓罪行极其严重，是指犯罪的性质、犯罪的情节极其严重，犯罪分子的人身危险性极其严重。

2. 适用对象限制

《中华人民共和国刑法》第四十九条："犯罪的时候不满十八周岁的人和审判的时候怀孕的妇女，不适用死刑。审判的时候已满七十五周岁的人，不适用死刑，但以特别残忍手段致人死亡的除外。"

3. 适用程序限制

《中华人民共和国刑法》第四十八条第二款："死刑除依法由最高人民法院判决的以外，都应当报请最高人民法院核准。"

4. 执行制度限制

《中华人民共和国刑法》第四十八条第一款："对于应当判处死刑的犯罪分子，如果不是立即执行的，可以判处死刑同时宣告缓期二年执行。"

问：什么是死刑缓期执行？

答：死刑缓期执行是指对于应当判处死刑的犯罪分子，如果不是必须立即执行的，可以判处死刑同时宣告缓期二年执行。

死刑缓期执行的条件是，应当判处死刑、不是必须立即执行。

死刑缓期执行的符合条件会变更，变更为减刑或者执行死刑。

《中华人民共和国刑法》第五十条规定："判处死刑缓期执行的，在死刑缓期执行期间，如果没有故意犯罪，二年期满以后，减为无期徒刑；如果确有重大立功表现，二年期满以后，减为二十五年有期徒刑；如果故意犯罪，情节恶劣的，报请最高人民法院核准后执行死刑；对于故意犯罪未执行死刑的，死刑缓期执行的期间重新计算，并报最高人民法院备案。"

关于死缓期间及减为有期徒刑的刑期计算，《中华人民共和国刑法》第五十一条规定："死刑缓期执行的期间，从判决确定之日起计算。死刑缓期执行减为有期徒刑的刑期，从死刑缓期执行期满之日起计算。"

问：刑法对共同犯罪中的主犯和从犯是如何规定的？

答：《中华人民共和国刑法》第二十六条："组织、领导犯罪集团进行犯罪活动的或者在共同犯罪中起主要作用的，是主犯。三人以上为共同实施犯罪而组成的较为固定的犯罪组织，是犯罪集团。对组织、领导犯罪集团的首要分子，按照集团所犯的全部罪行处罚。对于第三款规定以外的主犯，应当按照其所参与的或者组织、指挥的全部犯罪处罚。"

《中华人民共和国刑法》第二十七条："在共同犯罪中起次要或者辅助作用的，是从犯。对于从犯，应当从轻、减轻处罚或者免除处罚。"

问：共同犯罪中，共犯如何承担刑事责任？

答：对于组织、领导犯罪集团进行犯罪活动的首要分子，按照集团所犯的全部罪行处罚，但首要分子对于集团成员超出集团犯罪计划（集团犯罪故意）所实施的犯罪行为，不承担刑事责任。

对于犯罪集团首要分子以外的主犯，应区别对待：组织、指挥共同犯罪的人，应当按照其组织、指挥的全部犯罪处罚；没有从事组织、指挥活动但在共同犯罪中起主要作用的人，应按其参与的全部犯罪处罚。从犯应对自己参与的全部犯罪承担刑事责任，但应当从轻、减轻或者免除处罚。

问：剥夺政治权利终身，是剥夺哪些权利？

答：《中华人民共和国刑法》第五十四条规定：剥夺政治权利是剥夺下列权利：

（一）选举权和被选举权；

（二）言论、出版、集会、结社、游行、示威自由的权利；

（三）担任国家机关职务的权利；

（四）担任国有公司、企业、事业单位和人民团体领导职务的权利。

（二）法院裁判的理由

法院认为，被告人侯某、胡某在因琐事争执引发的多人冲突中持械殴打对方人员，致一人死亡、一人重伤，其行为均已构成故意伤害罪，公诉机关指控罪名成立。

关于被告人侯某、胡某的辩护人所提被害人具有过错的辩护意见，经审理认为，本案系因侯某、胡某同乡向某酒后摔砸手机影响他人休息的琐事引发，被害人方并非肇事者，不具有过错。侯某、胡某的辩护人所提相关辩护意见与查明事实不符，不予采纳。关于被告人胡某辩护人所提胡某具有自首情节的辩护意见，经审理认为，案发后，黄A当即拨打报警电话，被告人侯某、胡某等均在木工班长及现场工友的规劝下停止打斗、返回宿舍，公安机关在处警中确定侯某、胡某等有重大犯罪嫌疑而将之控制、带离，故两被告人的到案均不具有主动性，不符合自首情形。对辩护人所提上述辩护意见法院不予采纳。被告人侯某、胡某的犯罪行为造成一死一重伤，后果极其严重，依法应予严惩。被告人侯某既系致人死亡行为人，又共同致人重伤，且侯某因前罪刑满释放后五年内再犯应当判处有期徒刑以上刑罚之罪，系累犯，依法应当从重处罚。

被告人胡某系致人重伤的主要行为人，归案后如实供述，当庭认罪，依法可以从轻处罚，对胡某辩护人所提从宽处罚的辩护意见法院予以采纳。被告人侯某、胡某的犯罪行为造成被害人黄B、黄C住院抢救，黄B经多次手术终不治身亡、黄C右眼球被手术摘除致残，故侯某、胡某对由此给附带民事诉讼原告人造成的重大经济损失依法应予赔偿，其中侯某对于黄B的死亡承担主要赔偿责任、胡某对黄C的重伤承担主要赔偿责任，但二被告人需共同承担连带赔偿之责，具体赔偿金额由法院据情确定。

本案中，双方参与人员众多，但被追究刑事责任的只有侯某和胡某。二人虽为共同犯罪，但法院判决结果不同。二人均为主犯，但在犯罪中所起具体作用又有所不同，侯某对两名被害人的死亡和伤害后果承担责任，故被从重处罚，判处死刑。胡某虽为主犯，但仅对受伤的被害人承担刑事责任，故从轻处罚，判处有期徒刑十年。

（三）法院裁判的法律依据

《中华人民共和国刑法》：

第二百三十四条　故意伤害他人身体的，处三年以下有期徒刑、拘役或者管制。

犯前款罪，致人重伤的，处三年以上十年以下有期徒刑；致人死亡或者以特别残忍手段致人重伤造成严重残疾的，处十年以上有期徒刑、无期徒刑或者死刑。本法另有规定的，依照规定。

第二十五条第一款　共同犯罪是指二人以上共同故意犯罪。

第六十五条　被判处有期徒刑以上刑罚的犯罪分子，刑罚执行完毕或者赦免以后，在五年以内再犯应当判处有期徒刑以上刑罚之罪的，是累犯，应当从重处罚，但是过失犯罪和不满十八周岁的人犯罪的除外。

前款规定的期限，对于被假释的犯罪分子，从假释期满之日起计算。

第五十七条　对于被判处死刑、无期徒刑的犯罪分子，应当剥夺政治权利终身。

在死刑缓期执行减为有期徒刑或者无期徒刑减为有期徒刑的时候，应当把附加剥夺政治权利的期限改为三年以上十年以下。

第五十六条第一款　对于危害国家安全的犯罪分子应当附加剥夺政治权利；对于故意杀人、强奸、放火、爆炸、投毒、抢劫等严重破坏社会秩序的犯罪分子，可以附加剥夺政治权利。

第五十五条第一款　剥夺政治权利的期限，除本法第五十七条规定外，为一年以上五年以下。

第三十六条第一款　由于犯罪行为而使被害人遭受经济损失的，对犯罪分子除依法给予刑事处罚外，并应根据情况判处赔偿经济损失。

《中华人民共和国民法通则》：

第一百一十九条　侵害公民身体造成伤害的，应当赔偿医疗费、因误工减少的收入、残废者生活补助费等费用；造成死亡的，并应当支付丧葬费、死者生前扶养的人必要的生活费等费用。

（四）上述案例的启示

问：附加适用剥夺政治权利的对象有哪些？

答：本案的被告人侯某犯故意伤害罪，判处死刑，剥夺政治权利终身；被告人胡某某犯故意伤害罪，判处有期徒刑十年，剥夺政治权利一年。

上述两名被告主刑都是犯故意伤害罪，附加刑都是剥夺政治权利。

附加适用剥夺政治权利的对象主要有两种情况，一是应当附加适用剥夺政治权利；另一种情况是可以附加适用剥夺政治权利。

根据刑法第56条和第57条的规定，应当附加适用剥夺政治权利的对象是：

（1）对于危害国家安全的犯罪分子应当附加剥夺政治权利；

（2）对于被判处死刑、无期徒刑的犯罪分子，应当剥夺政治权利终身。

可以附加适用剥夺政治权利的对象是：

（1）对于故意杀人、强奸、放火、爆炸、投毒、抢劫等严重破坏社会秩序的犯罪分子，可以附加剥夺政治权利。

（2）根据相关司法解释，对其他严重破坏社会秩序的犯罪分子，也可以附加剥夺政治权利。如对故意伤害、盗窃等其他严重破坏社会秩序的犯罪，犯罪分子主观恶性较深、犯罪情节恶劣、罪行严重的也可以依法附加剥夺政治权利。

案例四　因噪声纠纷约架，致人死亡进监狱

一、引子和案例

（一）案例简介

本案是因为酒后喧哗、约架打斗、致人死亡而引起的。

2015 年 9 月 30 日 0 时，被告人唐某与朋友蔡某在成都市龙泉驿区龙都南路奶牛广场喝酒时，被害人王某等人路过此处并高声喧哗，唐某因不满对方声音过大，遂与王某发生争吵，随后王某等人离开该广场。当日凌晨 1 时许，王某邀约朋友曾某、黄某等三人一起返回奶牛广场再次找唐某理论，继而引发双方打斗。期间，唐某持随身携带的折叠刀刺中王某左颈、右背、右手腕等多处后逃离现场。后被害人王某因伤势过重抢救无效死亡。经鉴定，王某的死亡原因为左侧颈部被刺伤致左颈动脉破裂大出血死亡。同日 14 时许，公安机关在龙泉驿区永双街将唐某抓获归案。

公诉机关认为，被告人唐某因口角纠纷持刀捅刺他人并致一人死亡，其行为构成故意杀人罪，且系累犯，依法应予处罚。

被害人王某家属提出附带民事赔偿请求，请求法院判令被告人唐某赔偿丧葬费 26,861 元、交通费 1,000 元、住宿费 1,080 元、误工费

1,142.43 元。

被告人唐某对起诉指控的事实供认不讳，但辩称不是故意杀害被害人，持刀只是想威胁被害人，摆脱其纠缠，是挥舞时误伤被害人的。对附带民事诉讼原告人的赔偿要求，表示愿意赔偿。在审判阶段，被告人唐某委托其亲属，对附带民事诉讼原告人进行了赔偿，该款暂存于法院指定账户。其辩护人以被告人唐某的行为构成故意伤害罪，被害人存在严重过错，唐某认罪态度好、积极赔偿被害人损失等为由，请求对唐某从轻处罚。

（二）裁判结果

法院依法判决：1. 被告人唐某犯故意杀人罪，判处无期徒刑，剥夺政治权利终身；2. 被告人唐某赔偿附带民事诉讼原告人各种经济损失 25,610 元（该款暂存于法院账户，判决生效后履行）。

（三）与案例相关的问题：

被害人过错对量刑和民事赔偿是否有影响？

什么是累犯？

累犯对量刑有何影响？

被判处无期徒刑的犯罪分子，“确有悔改表现”是指同时具备哪些条件？

被判处无期徒刑的犯罪分子，具有哪些情形之一的，可以认定为有“立功表现”？

被判处无期徒刑的犯罪分子，“应当”减刑的实质条件是什么？

二、相关知识

问：被害人过错对量刑和民事赔偿是否有影响？

答：刑事案件中被害人有过错的，其过错程度有可能影响到被告人的量刑。一是看被害人过错的程度；二是看被害人过错引发的后果。被害人有过错的，也可能影响到附带民事赔偿的数额。《中华人民共和国民法通则》第一百三十一条规定："受害人对于损害的发生也有过错的，可以减轻侵害人的民事责任。"

三、与案件相关的法律问题

（一）学理知识

问：什么是累犯？

答：所谓累犯是指受过一定的刑罚处罚，刑罚执行完毕或者赦免以后，在法定期限内又犯被判处一定的刑罚之罪的罪犯。累犯分为一般累犯和特别累犯两种。一般累犯是指被判处有期徒刑以上刑罚的犯罪分子，刑罚执行完毕或者赦免以后，在五年以内再犯应当判处有期徒刑以上刑罚之罪的犯罪分子。特别累犯是指因犯特定之罪而受过刑罚处罚，在刑罚执行完毕或者赦免以后，又犯该特定之罪的犯罪分子。

问：累犯对量刑有何影响？

答：有直接影响。被判处有期徒刑以上刑罚的犯罪分子，刑罚执行完毕或者赦免以后，在五年以内再犯应当判处有期徒刑以上刑罚之罪的，是累犯，应当从重处罚，但是过失犯罪和不满十八周岁的人犯罪的除外。对于累犯和犯罪集团的首要分子，不适用缓刑。对累犯以及因故意杀人、强奸、抢劫、绑架、放火、爆炸、投放危险物质或者有组织的暴力性犯罪被判处十年以上有期徒刑、无期徒刑的犯罪分子，不得假释。

问：被判处无期徒刑的犯罪分子，"确有悔改表现"是指同时具备哪些条件？

答："确有悔改表现"是指同时具备以下条件：

1. 认罪悔罪；

2. 遵守法律法规及监规，接受教育改造；

3. 积极参加思想、文化、职业技术教育；

4. 积极参加劳动，努力完成劳动任务。

对职务犯罪、破坏金融管理秩序和金融诈骗犯罪、组织（领导、参加、包庇、纵容）黑社会性质组织犯罪等罪犯，不积极退赃、协助追缴赃款赃物、赔偿损失，或者服刑期间利用个人影响力和社会关系等不正当手段意图获得减刑、假释的，不认定其"确有悔改表现"。

问：被判处无期徒刑的犯罪分子，具有哪些情形之一的，可以认定为有"立功表现"？

答：具有下列情形之一的，可以认定为有"立功表现"：

1. 阻止他人实施犯罪活动的；

2. 检举、揭发监狱内外犯罪活动，或者提供重要的破案线索，经查证属实的；

3. 协助司法机关抓捕其他犯罪嫌疑人的；

4. 在生产、科研中进行技术革新，成绩突出的；

5. 在抗御自然灾害或者排除重大事故中，表现积极的；

6. 对国家和社会有其他较大贡献的。

技术革新或者其他较大贡献应当由罪犯在刑罚执行期间独立或者为主完成，并经省级主管部门确认。

问：被判处无期徒刑的犯罪分子，"应当"减刑的实质条件是什么？

答：减刑的实质条件是指法律规定对犯罪人提出的减刑必须具备的实体条件。分为"可以"减刑的实质条件和应当减刑的实质条件。

"应当"减刑的实质条件是犯罪分子在刑罚执行期间有重大立功表现，应当减刑。

重大立功表现包括下列情形：

1. 阻止他人重大犯罪活动的；

2. 检举监狱内外重大犯罪活动，经查证属实的；

3. 有发明创造或者重大技术革新的；

4. 在日常生产、生活中舍己救人的；

5. 在抗御自然灾害或者排除重大事故中，有突出表现的；

6. 对国家和社会有其他重大贡献的。

（二）法院裁判的理由

法院认为，被告人唐某作为心智健全的成年人，应当知道持刀捅刺他人可能造成他人死亡的后果，却仍然为之，并刺中被害人左颈部和右手腕，且对可能造成被害人的伤亡后果听之任之，导致被害人左侧颈总动脉破裂，大出血死亡，其行为符合故意杀人罪的构成要件，故其辩护理由，不能成立。

对于其辩护人所提被害人存在严重过错的辩护理由，法院认为，被害人王某对引发本案确有一定过错，但非重大过错；所提唐某认罪态度好、积极赔偿被害人亲属损失的辩护理由，与审理查明的事实相符，所提请求对其从轻处罚的辩护意见，法院将根据其犯罪性质和后果，结合其认罪态度、悔罪表现和社会危害性，在量刑时综合予以考虑。

被告人唐某加害致死王某，应承担相应的民事赔偿责任。附带民事诉讼原告人所提判令被告人唐某赔偿丧葬费 26,861 元的诉请，于法有据，但所提金额过高，法院将根据 2015 年度四川城镇全部单位就业人员平均工资标准，以六个月计算，确定为 25,233 元；所提交通费 1,000 元、住宿费 1,080 元、误工费 1,142.43 元的诉请，于法有据，予以确认。本案中因被害人存在过错，应适当减轻被告人的民事赔偿责任，本院确定被告人唐某应承担全部损失的90%，即25,610元。

（三）法院裁判的法律依据

《中华人民共和国刑法》

第二百三十二条　故意杀人的，处死刑、无期徒刑或者十年以上有期徒刑；情节较轻的，处三年以上十年以下有期徒刑。

第五十七条第一款　对于被判处死刑、无期徒刑的犯罪分子，应当剥夺政治权利终身。

第三十六条第一款　由于犯罪行为而使被害人遭受经济损失的，对犯罪分子除依法给予刑事处罚外，并应根据情况判处赔偿经济损失。

《中华人民共和国民法通则》

第一百三十一条　受害人对于损害的发生也有过错的，可以减轻侵害人的民事责任。

《最高人民法院关于适用〈中华人民共和国刑事诉讼法〉的解释》

第一百三十八条　被害人因人身权利受到犯罪侵犯或者财物被犯罪分子毁坏而遭受物质损失的，有权在刑事诉讼过程中提起附带民事诉讼；被害人死亡或者丧失行为能力的，其法定代理人、近亲属有权提起附带民事诉讼。

因受到犯罪侵犯，提起附带民事诉讼或者单独提起民事诉讼要求赔偿精神损失的，人民法院不予受理。

第一百五十五条　对附带民事诉讼作出判决，应当根据犯罪行为造成的物质损失，结合案件具体情况，确定被告人应当赔偿的数额。

犯罪行为造成被害人人身损害的，应当赔偿医疗费、护理费、交通费等为治疗和康复支付的合理费用，以及因误工减少的收入。造成被害人残疾的，还应当赔偿残疾生活辅助具费等费用；造成被害人死亡的，还应当赔偿丧葬费等费用。

（四）上述案例的启示

案件发生后，犯罪行为已经完成。作为被告人，应当主动向公安机关投案自首，如实供述自己的犯罪事实，并尽最大可能赔偿被害人及其家属的损失，获得被害人及其家属的谅解。

案例五　因噪声产生纠纷，不冷静致人死亡

一、引子和案例

（一）案例简介

本案是噪声引发邻里矛盾，继而争吵升级引发的血案。

被告人韦某与被害人曹某分别租住某出租屋六楼的605房和604房，二人是邻居。

2014年3月，韦某认为曹某屋内经常有较大声音传出，影响其休息，故而对此产生不满。同年4月10日23时，曹某与妻子王某在家中吵架，韦某难以忍受该吵架声，遂在自己房内大声播放音乐对抗。23时30分，曹某敲韦某房门，要求停止播放音乐，韦某开门后反驳曹某夫妻的吵架声影响其生活，双方因此在房门口发生争吵。期间，韦某回房间拿出一把弹簧刀插在桌子上并继续与曹某争吵，曹某质问韦某拿刀用意，韦某扬言要是曹某敢踏进自己房间就持刀捅他。曹某欲走进韦某住房，韦某见状立刻持刀上前朝曹某左胸捅了一刀，并把曹某推出房间并迅速关上房门。曹某受伤倒地，其妻王某见状马上报警并拨打120。韦某闻讯随即逃出自己房间，逃离出租屋。后救护车到达现场，经医生现场检查证实曹某已经死亡。公安机关当场在韦某

房间床上起获作案工具弹簧刀一把。经法医鉴定，被害人曹某系左胸部被锐器刺伤致心脏、肝脏破裂引起失血性休克死亡。

在法庭上，被告人韦某辩解称是由于害怕被害人对其不利而拿起刀的，发生争吵时退回房间而被害人冲过来，故而才捅伤了被害人。被告人韦某对公诉机关指控的其他犯罪事实没有异议。

其辩护人提出：1. 本案是邻里纠纷引发的犯罪，并且被害人曹某具有一定的过错；2. 本案被告人属于激情犯罪的情形，其主观恶性和情节比有预谋的犯罪较轻；3. 本案不具有使用极其残忍手段致人死亡的情节，不属于罪行特别严重；4. 被告人没有犯罪前科，认罪态度好。

曹某的母亲、妻子、儿子和女儿向韦某提起了附带民事诉讼，要求被告人赔偿死亡赔偿金、被抚养人生活费、丧葬费、交通费、住宿费、误工费等损失共计 120 万元。被告人韦某对附带民事诉讼原告的诉讼请求没有异议，表示愿意赔偿，但称没有个人财产。

（二）裁判结果

法院依法判决：1. 被告人韦某犯故意伤害罪，判处无期徒刑，剥夺政治权利终身；2. 被告人韦某赔偿附带民事诉讼原告人经济损失人民币 44,672.5 元（该款于本判决生效后一个月内赔付）。

（三）与案例相关的问题：

法院为什么不支持附带民事诉讼原告人 120 万元的赔偿请求？

什么是激情犯罪？

我国对邻里间发生的犯罪案件，在刑事政策上有什么规定？

本案的被告被判处无期徒刑，是否可以减刑？

减刑的对象除了无期徒刑的犯罪分子，还有哪些？

无期徒刑“可以”减刑的实质条件是什么？

无期徒刑有哪些特点?

什么是故意伤害罪?

二、相关知识

问:法院为什么不支持附带民事诉讼原告人120万元的赔偿请求?

答:附带民事诉讼案件依法只应赔偿直接物质损失,即按照犯罪行为给被害人造成的实际损害赔偿,一般不包括死亡赔偿金和残疾赔偿金,但经过调解,被告人有赔偿能力且愿意赔偿更大数额的,人民法院应当支持;调解不成,被告人确实不具备赔偿能力,而被害人或者其近亲属坚持在物质损失赔偿之外要求赔偿金的,人民法院不予支持。

三、与案件相关的法律问题

(一)学理知识

问:什么是激情犯罪?

答:激情犯罪是指在强烈的激情推动下实施的暴发性、冲动性较强的犯罪行为,属情感性犯罪,包括杀人、伤害、毁物、纵火等。

问:我国对邻里间发生的犯罪案件,在刑事政策上有什么规定?

答:根据我国刑事政策,对于邻里间纠纷引发的刑事案件,从社会和谐考虑,一般从轻处罚。

问:本案的被告被判处无期徒刑,是否可以减刑?

答:无期徒刑是剥夺犯罪分子终身自由并强制劳动改造的刑罚方法,具备特定条件可以减刑。

减刑是指依法对特定的罪犯,在刑罚执行期间有法定的减刑情节,依法适当减轻原判刑罚的制度。

减刑分为两种情况，一是可以减刑，也就是具备一定条件的时候，法院可以裁定减刑。二是应当减刑，也就是有重大立功表现，法院应当减刑。从减刑的方法看有变更刑罚种类的减刑和不变更刑罚种类的减刑。将无期徒刑减为有期徒刑是刑罚种类变更的减刑；将管制、拘役、有期徒刑的刑期减少，是不变更刑罚种类的减刑。减刑的条件包括对象条件和实质条件。

判处无期徒刑的，减刑以后实际执行的刑期不能少于十三年。

问：减刑的对象除了无期徒刑的犯罪分子，还有哪些？

答：减刑的条件包括对象条件和实质条件。

对象条件及其限制：减刑只能适用于特定的对象，只适用于被判处管制、拘役、有期徒刑、无期徒刑的犯罪分子。

对被判处死刑缓期执行的累犯以及因故意杀人、强奸、抢劫、绑架、放火、爆炸、投放危险物质或者有组织的暴力性犯罪被判处死刑缓期执行的犯罪分子，法院根据犯罪情节等情况可以同时决定对其限制减刑。

问：无期徒刑“可以”减刑的实质条件是什么？

答：减刑的实质条件是指法律规定对犯罪人提出的减刑必须具备的实体条件，分为“可以”减刑的实质条件和“应当”减刑的实质条件。

被判处无期徒刑的犯罪分子，“可以”减刑的实质条件是在刑罚执行期间认真遵守监规，接受教育和改造，确有悔改表现或者有立功表现。

问：无期徒刑有哪些特点？

答：无期徒刑是剥夺犯罪分子终身自由并强制劳动改造的刑罚方法，有以下几个特点：

1. 将犯罪分子关押在一定的场所，在监狱或其他执行场所关押。

2. 剥夺犯罪分子的终身自由，也不是永远不能出来，只要符合条件就可以回归社会。

3. 羁押时间不能折抵刑期，但是有期徒刑的刑期可以折抵，判决执行以前先行羁押的，羁押一日折抵刑期一日。

4. 附加剥夺政治权利。根据《中华人民共和国刑法》第五十七条的规定，被判处无期徒刑的犯罪分子，必须附加剥夺政治权利终身。

剥夺政治权利是剥夺下列权利：选举权和被选举权；言论、出版、集会、结社、游行、示威自由的权利；担任国家机关职务的权利；担任国有公司、企业、事业单位和人民团体领导职务的权利。

5. 凡有劳动能力的，都应当参加劳动，接受教育和改造。

问：什么是故意伤害罪？

答：故意伤害罪是指故意非法损害他人身体健康的行为。故意伤害罪的要件包括以下内容：

1. 客体要件：侵犯的客体是他人的身体健康权，所谓身体权是指自然人以保持其肢体、器官和其他组织的完整性为内容的人格权。

2. 客观要件：客观方面表现为实施了非法损害他人身体健康的行为。

（1）行为对象是他人的身体。

（2）要有损害他人身体的行为。损害他人身体的行为的方式，既可以表现为积极的作为，亦可以表现为消极的不作为。

（3）损害他人身体的行为必须是非法进行的。如果某种致伤行为为法律所允许，就不能构成故意伤害罪。

（4）损害他人身体的行为必须已造成了他人人身一定程度的损害，才能构成故意伤害罪。伤害结果有三种形态，即轻伤、重伤和伤害致死。

3. 主体要件：故意伤害罪的主体为一般主体。凡达到刑事责任年龄并具备刑事责任能力的自然人均能构成故意伤害罪。已满14周岁未满16周岁的自然人有故意伤害致人重伤或死亡行为的，应当负刑事责任；致人轻伤的，须已满16周岁才能构成故意伤害罪。

4. 主观要件：故意伤害罪在主观方面表现为故意。即行为人明知自己的行为会造成损害他人身体健康的结果，而希望或放任这种结果的发生。

《中华人民共和国刑法》第二百三十四条规定，“故意伤害他人身体的，处三年以下有期徒刑、拘役或者管制。犯前款罪，致人重伤的，处三年以上十年以下有期徒刑；致人死亡或者以特别残忍手段致人重伤造成严重残疾的，处十年以上有期徒刑、无期徒刑或者死刑。本法另有规定的，依照规定。”

（二）法院裁判的理由

根据《中华人民共和国刑事诉讼法》及《最高人民法院关于适用〈中华人民共和国刑事诉讼法〉的解释》的相关规定，参照《广东省2014年度人身损害赔偿计算标准》，法院对附带民事诉讼原告人的各项诉讼请求作如下认定：

1. 丧葬费，以当地上一年度职工月平均工资为标准计赔六个月，即29,672.5元。

2. 交通费，法院根据实际情况酌情支持5,000元。

3. 住宿费，法院根据实际情况酌情支持5,000元。

4. 误工费，法院根据实际情况酌情支持5,000元。

以上各项共计人民币44,672.5元。

上述事实，由经法庭质证、认证的证据证实。

关于被告人韦某的辩解及辩护人所提的辩护意见，经查：1. 被告人韦某与被害人曹某由于房间噪声问题而发生争吵，双方争吵发生在房门口，在争吵过程中，被害人曹某并没有携带任何工具，也没有对被告人韦某使用暴力，对被告人韦某人身权利并没有构成威胁，辩护人所提被害人一方存在过错的辩护意见法院不予采纳；2. 案发时被告人韦某因琐事即持刀捅刺被害人曹某要害部位左胸部致曹某死亡，其主观恶性较大，罪行严重；3. 辩护人所提被告人韦某没有犯罪前科，认罪态度好基本属实，法院予以采纳。

法院认为，被告人韦某无视国法，故意伤害他人身体，致一人死亡，其行为已构成故意伤害罪，应依法予以惩处。公诉机关指控被告人韦某犯故意伤害罪的事实清楚，证据确实、充分，罪名成立，法院予以确认。被告人韦某归案后如实供述其犯罪事实，依法可以从轻处罚。本案的发生系邻里之间因生活琐事引发，事出有因，被告人主观恶性并非卑劣，可酌情对被告人从轻处罚。关于辩护人所提的意见，经查属实，可以成立的，法院已予采纳并在量刑时有所体现，不能成立的，法院不予采纳并已阐明理由。

被告人韦某的犯罪行为导致了被害人曹某死亡，给附带民事诉讼原告人造成经济损失，被告人除承担刑事责任外，还应承担相应的民事赔偿责任。附带民事诉讼原告人所提的丧葬费、误工费、交通费、住宿费的诉讼请求，法院依法确定为44,672.5元，超出此数部分，法院不予支持；依照《最高人民法院关于适用〈中华人民共和国刑事诉讼法〉的解释》第一百五十五条之规定，附带民事诉讼原告人所提的死亡赔偿金、被抚养人生活费的诉讼请求，不属于刑事附带民事诉讼中规定的赔偿范围，法院不予支持。

（三）法院裁判的法律依据

《中华人民共和国刑法》

第二百三十四条第二款　犯前款罪，致人重伤的，处三年以上十年以下有期徒刑；致人死亡或者以特别残忍手段致人重伤造成严重残疾的，处十年以上有期徒刑、无期徒刑或者死刑。本法另有规定的，依照规定。

第五十七条第一款　对于被判处死刑、无期徒刑的犯罪分子，应当剥夺政治权利终身。

第六十七条第三款　犯罪嫌疑人虽不具有前两款规定的自首情节，但是如实供述自己罪行的，可以从轻处罚；因其如实供述自己罪行，避免特别严重后果发生的，可以减轻处罚。

第三十六条　由于犯罪行为而使被害人遭受经济损失的，对犯罪分子除依法给予刑事处罚外，并应根据情况判处赔偿经济损失。

承担民事赔偿责任的犯罪分子，同时被判处罚金，其财产不足以全部支付的，或者被判处没收财产的，应当先承担对被害人的民事赔偿责任。

《中华人民共和国刑事诉讼法》（2012年）

第九十九条　被害人由于被告人的犯罪行为而遭受物质损失的，在刑事诉讼过程中，有权提起附带民事诉讼。被害人死亡或者丧失行为能力的，被害人的法定代理人、近亲属有权提起附带民事诉讼。

如果是国家财产、集体财产遭受损失的，人民检察院在提起公诉的时候，可以提起附带民事诉讼。

（四）上述案例的启示

本案是因为邻里间噪声矛盾纠纷引起的，因此，邻里间应该互谅互让，处理好相互间的关系。

邻里间矛盾纠纷普遍存在，处理好则化解矛盾，邻里和睦；处理不好，则民事纠纷可能转化升级为刑事案件，轻则会发生财产损失，身体健康受损害，重则会引发命案，因此，在处理邻里纠纷时，应以相互理解为基础，确实无法调解的，则应通过法律手段解决，避免通过私力解决，导致矛盾激化。

附录一

中华人民共和国环境保护法

（1989 年 12 月 26 日第七届全国人民代表大会常务委员会第十一次会议通过，2014 年 4 月 24 日第十二届全国人民代表大会常务委员会第八次会议修订）

目　录

第一章　总则

第一条　为保护和改善环境，防治污染和其他公害，保障公众健康，推进生态文明建设，促进经济社会可持续发展，制定本法。

第二条　本法所称环境，是指影响人类生存和发展的各种天然的和经过人工改造的自然因素的总体，包括大气、水、海洋、土地、矿藏、森林、草原、湿地、野生生物、自然遗迹、人文遗迹、自然保护区、风景名胜区、城市和乡村等。

第三条　本法适用于中华人民共和国领域和中华人民共和国管辖的其他海域。

第四条　保护环境是国家的基本国策。

国家采取有利于节约和循环利用资源、保护和改善环境、促进人与自然和谐的经济、技术政策和措施，使经济社会发展与环境保护相协调。

第五条　环境保护坚持保护优先、预防为主、综合治理、公众参与、损害担责的原则。

第六条　一切单位和个人都有保护环境的义务。

地方各级人民政府应当对本行政区域的环境质量负责。

企业事业单位和其他生产经营者应当防止、减少环境污染和生态破坏，对所造成的损害依法承担责任。

公民应当增强环境保护意识，采取低碳、节俭的生活方式，自觉履行环境保护义务。

第七条　国家支持环境保护科学技术研究、开发和应用，鼓励环境保护产业发展，促进环境保护信息化建设，提高环境保护科学技术水平。

第八条　各级人民政府应当加大保护和改善环境、防治污染和其他公害的财政投入，提高财政资金的使用效益。

第九条　各级人民政府应当加强环境保护宣传和普及工作，鼓励基层群众性自治组织、社会组织、环境保护志愿者开展环境保护法律法规和环境保护知识的宣传，营造保护环境的良好风气。

教育行政部门、学校应当将环境保护知识纳入学校教育内容，培养学生的环境保护意识。

新闻媒体应当开展环境保护法律法规和环境保护知识的宣传，对环境违法行为进行舆论监督。

第十条　国务院环境保护主管部门，对全国环境保护工作实施统一监督管理；县级以上地方人民政府环境保护主管部门，对本行政区域环境保护工作实施统一监督管理。

县级以上人民政府有关部门和军队环境保护部门，依照有关法律的规定对资源保护和污染防治等环境保护工作实施监督管理。

第十一条　对保护和改善环境有显著成绩的单位和个人，由人民政府给予奖励。

第十二条　每年6月5日为环境日。

第二章　监督管理

第十三条　县级以上人民政府应当将环境保护工作纳入国民经济和社会发展规划。

国务院环境保护主管部门会同有关部门，根据国民经济和社会发展规划编制国家环境保护规划，报国务院批准并公布实施。

县级以上地方人民政府环境保护主管部门会同有关部门，根据国家环境保护规划的要求，编制本行政区域的环境保护规划，报同级人民政府批准并公布实施。

环境保护规划的内容应当包括生态保护和污染防治的目标、任务、保障措施等，并与主体功能区规划、土地利用总体规划和城乡规划等相衔接。

第十四条　国务院有关部门和省、自治区、直辖市人民政府组织制定经济、技术政策，应当充分考虑对环境的影响，听取有关方面和专家的意见。

第十五条　国务院环境保护主管部门制定国家环境质量标准。

省、自治区、直辖市人民政府对国家环境质量标准中未作规定的项目，可以制定地方环境质量标准；对国家环境质量标准中已作规定的项目，可以制定严于国家环境质量标准的地方环境质量标准。地方环境质量标准应当报国务院环境保护主管部门备案。

国家鼓励开展环境基准研究。

第十六条　国务院环境保护主管部门根据国家环境质量标准和国家经济、技术条件，制定国家污染物排放标准。

省、自治区、直辖市人民政府对国家污染物排放标准中未作规定的项目，可以制定地方污染物排放标准；对国家污染物排放标准中已作规定的项目，可以制定严于国家污染物排放标准的地方污染物排放标准。地方污染物排放标准应当报国务院环境保护主管部门备案。

第十七条　国家建立、健全环境监测制度。国务院环境保护主管部门制定监测规范，会同有关部门组织监测网络，统一规划国家环境质量监测站（点）的设置，建立监测数据共享机制，加强对环境监测的管理。

有关行业、专业等各类环境质量监测站（点）的设置应当符合法律法规规定和监测规范的要求。

监测机构应当使用符合国家标准的监测设备，遵守监测规范。监测机构及其负责人对监测数据的真实性和准确性负责。

第十八条　省级以上人民政府应当组织有关部门或者委托专业机构，对环境状况进行调查、评价，建立环境资源承载能力监测预警机制。

第十九条　编制有关开发利用规划，建设对环境有影响的项目，应当依法进行环境影响评价。

未依法进行环境影响评价的开发利用规划，不得组织实施；未依法进行环境影响评价的建设项目，不得开工建设。

第二十条　国家建立跨行政区域的重点区域、流域环境污染和生态破坏联合防治协调机制，实行统一规划、统一标准、统一监测、统一的防治措施。

前款规定以外的跨行政区域的环境污染和生态破坏的防治，由上级人民政府协调解决，或者由有关地方人民政府协商解决。

第二十一条　国家采取财政、税收、价格、政府采购等方面的政策和措施，鼓励和支持环境保护技术装备、资源综合利用和环境服务等环境保护产业的发展。

第二十二条　企业事业单位和其他生产经营者，在污染物排放符合法定要求的基础上，进一步减少污染物排放的，人民政府应当依法采取财政、税收、价格、政府采购等方面的政策和措施予以鼓励和支持。

第二十三条　企业事业单位和其他生产经营者，为改善环境，依照有关规定转产、搬迁、关闭的，人民政府应当予以支持。

第二十四条　县级以上人民政府环境保护主管部门及其委托的环境监察机构和其他负有环境保护监督管理职责的部门，有权对排放污染物的企业事业单位和其他生产经营者进行现场检查。被检查者应当如实反映情况，提供必要的资料。实施现场检查的部门、机构及其工作人员应当为被检查者保守商业秘密。

第二十五条　企业事业单位和其他生产经营者违反法律法规规定排放污染物，造成或者可能造成严重污染的，县级以上人民政府环境保护主管部门和其他负有环境保护监督管理职责的部门，可以查封、扣押造成污染物排放的设施、设备。

第二十六条　国家实行环境保护目标责任制和考核评价制度。县级以上人民政府应当将环境保护目标完成情况纳入对本级人民政府负有环境保护监督管理职责的部门及其负责人和下级人民政府及其负责人的考核内容，作为对其考核评价的重要依据。考核结果应当向社会公开。

第二十七条　县级以上人民政府应当每年向本级人民代表大会或者人民代表大会常务委员会报告环境状况和环境保护目标完成情况，对发生的重大环境事件应当及时向本级人民代表大会常务委员会报告，依法接受监督。

第三章　保护和改善环境

第二十八条　地方各级人民政府应当根据环境保护目标和治理任务，采取有效措施，改善环境质量。

未达到国家环境质量标准的重点区域、流域的有关地方人民政府，应当制定限期达标规划，并采取措施按期达标。

第二十九条　国家在重点生态功能区、生态环境敏感区和脆弱区等区域划定生态保护红线，实行严格保护。

各级人民政府对具有代表性的各种类型的自然生态系统区域，珍稀、濒危的野生动植物自然分布区域，重要的水源涵养区域，具有重大科学文化价值的地质构造、著名溶洞和化石分布区、冰川、火山、温泉等自然遗迹，以及人文遗迹、古树名木，应当采取措施予以保护，严禁破坏。

第三十条　开发利用自然资源，应当合理开发，保护生物多样性，保障生态安全，依法制定有关生态保护和恢复治理方案并予以实施。

引进外来物种以及研究、开发和利用生物技术，应当采取措施，防止对生物多样性的破坏。

第三十一条　国家建立、健全生态保护补偿制度。

国家加大对生态保护地区的财政转移支付力度。有关地方人民政府应当落实生态保护补偿资金，确保其用于生态保护补偿。

国家指导受益地区和生态保护地区人民政府通过协商或者按照市场规则进行生态保护补偿。

第三十二条　国家加强对大气、水、土壤等的保护，建立和完善相应的调查、监测、评估和修复制度。

第三十三条　各级人民政府应当加强对农业环境的保护，促进农业环境保护新技术的使用，加强对农业污染源的监测预警，统筹有关部门采取措施，防治土壤污染和土地沙化、盐渍化、贫瘠化、石漠化、地面沉降以及防治植被破坏、水土流失、水体富营养化、水源枯竭、种源灭绝等生态失调现象，推广植物病虫害的综合防治。

县级、乡级人民政府应当提高农村环境保护公共服务水平，推动农村环境综合整治。

第三十四条　国务院和沿海地方各级人民政府应当加强对海洋环境的保护。向海洋排放污染物、倾倒废弃物，进行海岸工程和海洋工程建设，应当符合法律法规规定和有关标准，防止和减少对海洋环境的污染损害。

第三十五条　城乡建设应当结合当地自然环境的特点，保护植被、水域和自然景观，加强城市园林、绿地和风景名胜区的建设与管理。

第三十六条　国家鼓励和引导公民、法人和其他组织使用有利于保护环境的产品和再生产品，减少废弃物的产生。

国家机关和使用财政资金的其他组织应当优先采购和使用节能、节水、节材等有利于保护环境的产品、设备和设施。

第三十七条　地方各级人民政府应当采取措施，组织对生活废弃物的分类处置、回收利用。

第三十八条　公民应当遵守环境保护法律法规，配合实施环境保护措施，按照规定对生活废弃物进行分类放置，减少日常生活对环境造成的损害。

第三十九条　国家建立、健全环境与健康监测、调查和风险评估制度；鼓励和组织开展环境质量对公众健康影响的研究，采取措施预防和控制与环境污染有关的疾病。

第四章　防治污染和其他公害

第四十条　国家促进清洁生产和资源循环利用。

国务院有关部门和地方各级人民政府应当采取措施，推广清洁能源的生产和使用。

企业应当优先使用清洁能源，采用资源利用率高、污染物排放量少的工艺、设备以及废弃物综合利用技术和污染物无害化处理技术，减少污染物的产生。

第四十一条　建设项目中防治污染的设施，应当与主体工程同时设计、同时施工、同时投产使用。防治污染的设施应当符合经批准的环境影响评价文件的要求，不得擅自拆除或者闲置。

第四十二条　排放污染物的企业事业单位和其他生产经营者，应当采取措施，防治在生产建设或者其他活动中产生的废气、废水、废渣、医疗废物、粉尘、恶臭气体、放射性物质以及噪声、振动、光辐射、电磁辐射等对环境的污染和危害。

排放污染物的企业事业单位，应当建立环境保护责任制度，明确单位负责人和相关人员的责任。

重点排污单位应当按照国家有关规定和监测规范安装使用监测设备，保证监测设备正常运行，保存原始监测记录。

严禁通过暗管、渗井、渗坑、灌注或者篡改、伪造监测数据，或者不正常运行防治污染设施等逃避监管的方式违法排放污染物。

第四十三条　排放污染物的企业事业单位和其他生产经营者，应当按照国家有关规定缴纳排污费。排污费应当全部专项用于环境污染防治，任何单位和个人不得截留、挤占或者挪作他用。

依照法律规定征收环境保护税的，不再征收排污费。

第四十四条　国家实行重点污染物排放总量控制制度。重点污染物排放总量控制指标由国务院下达，省、自治区、直辖市人民政府分解落实。企业事业单位在执行国家和地方污染物排放标准的同时，应当遵守分解落实到本单位的重点污染物排放总量控制指标。

对超过国家重点污染物排放总量控制指标或者未完成国家确定的环境质量目标的地区，省级以上人民政府环境保护主管部门应当暂停审批其新增重点污染物排放总量的建设项目环境影响评价文件。

第四十五条　国家依照法律规定实行排污许可管理制度。

实行排污许可管理的企业事业单位和其他生产经营者应当按照排污许可证的要求排放污染物；未取得排污许可证的，不得排放污染物。

第四十六条　国家对严重污染环境的工艺、设备和产品实行淘汰制度。任何单位和个人不得生产、销售或者转移、使用严重污染环境的工艺、设备和产品。

禁止引进不符合我国环境保护规定的技术、设备、材料和产品。

第四十七条　各级人民政府及其有关部门和企业事业单位，应当依照《中华人民共和国突发事件应对法》的规定，做好突发环境事件的风险控制、应急准备、应急处置和事后恢复等工作。

县级以上人民政府应当建立环境污染公共监测预警机制，组织制定预警方案；环境受到污染，可能影响公众健康和环境安全时，依法及时公布预警信息，启动应急措施。

企业事业单位应当按照国家有关规定制定突发环境事件应急预案，报环境保护主管部门和有关部门备案。在发生或者可能发生突发环境事件时，企业事业单位应当立即采取措施处理，及时通报可能受到危害的单位和居民，并向环境保护主管部门和有关部门报告。

突发环境事件应急处置工作结束后，有关人民政府应当立即组织评估事件造成的环境影响和损失，并及时将评估结果向社会公布。

第四十八条　生产、储存、运输、销售、使用、处置化学物品和含有放射性物质的物品，应当遵守国家有关规定，防止污染环境。

第四十九条　各级人民政府及其农业等有关部门和机构应当指导农业生产经营者科学种植和养殖，科学合理施用农药、化肥等农业投入品，科学处置农用薄膜、农作物秸秆等农业废弃物，防止农业面源污染。

禁止将不符合农用标准和环境保护标准的固体废物、废水施入农田。施用农药、化肥等农业投入品及进行灌溉，应当采取措施，防止重金属和其他有毒有害物质污染环境。

畜禽养殖场、养殖小区、定点屠宰企业等的选址、建设和管理应当符合有关法律法规规定。从事畜禽养殖和屠宰的单位和个人应当采取措施，对畜禽粪便、尸体和污水等废弃物进行科学处置，防止污染环境。

县级人民政府负责组织农村生活废弃物的处置工作。

第五十条　各级人民政府应当在财政预算中安排资金，支持农村饮用水水源地保护、生活污水和其他废弃物处理、畜禽养殖和屠宰污染防治、土壤污染防治和农村工矿污染治理等环境保护工作。

第五十一条　各级人民政府应当统筹城乡建设污水处理设施及配套管网，固体废物的收集、运输和处置等环境卫生设施，危险废物集中处置设施、场所以及其他环境保护公共设施，并保障其正常运行。

第五十二条　国家鼓励投保环境污染责任保险。

第五章　信息公开和公众参与

第五十三条　公民、法人和其他组织依法享有获取环境信息、参与和监督环境保护的权利。

各级人民政府环境保护主管部门和其他负有环境保护监督管理职责的部门，应当依法公开环境信息、完善公众参与程序，为公民、法人和其他组织参与和监督环境保护提供便利。

第五十四条　国务院环境保护主管部门统一发布国家环境质量、重点污染源监测信息及其他重大环境信息。省级以上人民政府环境保护主管部门定期发布环境状况公报。

县级以上人民政府环境保护主管部门和其他负有环境保护监督管理职责的部门，应当依法公开环境质量、环境监测、突发环境事件以及环境行政许可、行政处罚、排污费的征收和使用情况等信息。

县级以上地方人民政府环境保护主管部门和其他负有环境保护监督管理职责的部门，应当将企业事业单位和其他生产经营者的环境违法信息记入社会诚信档案，及时向社会公布违法者名单。

第五十五条　重点排污单位应当如实向社会公开其主要污染物的名称、排放方式、排放浓度和总量、超标排放情况，以及防治污染设施的建设和运行情况，接受社会监督。

第五十六条　对依法应当编制环境影响报告书的建设项目，建设单位应当在编制时向可能受影响的公众说明情况，充分征求意见。

负责审批建设项目环境影响评价文件的部门在收到建设项目环境影响报告书后，除涉及国家秘密和商业秘密的事项外，应当全文公开；发现建设项目未充分征求公众意见的，应当责成建设单位征求公众意见。

第五十七条　公民、法人和其他组织发现任何单位和个人有污染环境和破坏生态行为的，有权向环境保护主管部门或者其他负有环境保护监督管理职责的部门举报。

公民、法人和其他组织发现地方各级人民政府、县级以上人民政府环境保护主管部门和其他负有环境保护监督管理职责的部门不依法履行职责的，有权向其上级机关或者监察机关举报。

接受举报的机关应当对举报人的相关信息予以保密，保护举报人的合法权益。

第五十八条　对污染环境、破坏生态，损害社会公共利益的行为，符合下列条件的社会组织可以向人民法院提起诉讼：

（一）依法在设区的市级以上人民政府民政部门登记；

（二）专门从事环境保护公益活动连续五年以上且无违法记录。

符合前款规定的社会组织向人民法院提起诉讼，人民法院应当依法受理。

提起诉讼的社会组织不得通过诉讼牟取经济利益。

第六章　法律责任

第五十九条　企业事业单位和其他生产经营者违法排放污染物，受到罚款处罚，被责令改正，拒不改正的，依法作出处罚决定的行政机关可以自责令改正之日的次日起，按照原处罚数额按日连续处罚。

前款规定的罚款处罚，依照有关法律法规按照防治污染设施的运行成本、违法行为造成的直接损失或者违法所得等因素确定的规定执行。

地方性法规可以根据环境保护的实际需要，增加第一款规定的按日连续处罚的违法行为的种类。

第六十条　企业事业单位和其他生产经营者超过污染物排放标准或者超过重点污染物排放总量控制指标排放污染物的，县级以上人民政府环境保护主管部门可以责令其采取限制生产、停产整治等措施；情节严重的，报经有批准权的人民政府批准，责令停业、关闭。

第六十一条　建设单位未依法提交建设项目环境影响评价文件或者环境影响评价文件未经批准，擅自开工建设的，由负有环境保护监督管理职责的部门责令停止建设，处以罚款，并可以责令恢复原状。

第六十二条　违反本法规定，重点排污单位不公开或者不如实公开环境信息的，由县级以上地方人民政府环境保护主管部门责令公开，处以罚款，并予以公告。

第六十三条　企业事业单位和其他生产经营者有下列行为之一，尚不构成犯罪的，除依照有关法律法规规定予以处罚外，由县级以上人民政府环境保护主管部门或者其他有关部门将案件移送公安机关，对其直接负责的主管人员和其他直接责任人员，处十日以上十五日以下拘留；情节较轻的，处五日以上十日以下拘留：

（一）建设项目未依法进行环境影响评价，被责令停止建设，拒不执行的；

（二）违反法律规定，未取得排污许可证排放污染物，被责令停止排污，拒不执行的；

（三）通过暗管、渗井、渗坑、灌注或者篡改、伪造监测数据，或者不正常运行防治污染设施等逃避监管的方式违法排放污染物的；

（四）生产、使用国家明令禁止生产、使用的农药，被责令改正，拒不改正的。

第六十四条　因污染环境和破坏生态造成损害的，应当依照《中华人民共和国侵权责任法》的有关规定承担侵权责任。

第六十五条　环境影响评价机构、环境监测机构以及从事环境监测设备和防治污染设施维护、运营的机构，在有关环境服务活动中弄虚作假，对造成的环境污染和生态破坏负有责任的，除依照有关法律法规规定予以处罚外，还应当与造成环境污染和生态破坏的其他责任者承担连带责任。

第六十六条　提起环境损害赔偿诉讼的时效期间为三年，从当事人知道或者应当知道其受到损害时起计算。

第六十七条　上级人民政府及其环境保护主管部门应当加强对下级人民政府及其有关部门环境保护工作的监督。发现有关工作人员有违法行为，依法应当给予处分的，应当向其任免机关或者监察机关提出处分建议。

依法应当给予行政处罚，而有关环境保护主管部门不给予行政处罚的，上级人民政府环境保护主管部门可以直接作出行政处罚的决定。

第六十八条　地方各级人民政府、县级以上人民政府环境保护主管部门和其他负有环境保护监督管理职责的部门有下列行为之一的，对直接负责的主管人员和其他直接责任人员给予记过、记大过或者降级处分；造成严重后果的，给予撤职或者开除处分，其主要负责人应当引咎辞职：

（一）不符合行政许可条件准予行政许可的；

（二）对环境违法行为进行包庇的；

（三）依法应当作出责令停业、关闭的决定而未作出的；

（四）对超标排放污染物、采用逃避监管的方式排放污染物、造成环境事故以及不落实生态保护措施造成生态破坏等行为，发现或者接到举报未及时查处的；

（五）违反本法规定，查封、扣押企业事业单位和其他生产经营者的设施、设备的；

（六）篡改、伪造或者指使篡改、伪造监测数据的；

（七）应当依法公开环境信息而未公开的；

（八）将征收的排污费截留、挤占或者挪作他用的；

（九）法律法规规定的其他违法行为。

第六十九条　违反本法规定，构成犯罪的，依法追究刑事责任。

第七章　附则

第七十条　本法自 2015 年 1 月 1 日起施行。

附录二

中华人民共和国环境噪声污染防治法

（1996 年 10 月 29 日第八届全国人民代表大会常务委员会第二十二次会议通过　根据 2018 年 12 月 29 日第十三届全国人民代表大会常务委员会第七次会议《关于修改〈中华人民共和国劳动法〉等七部法律的决定》修正）

目　录

第一章　总则

第一条　为防治环境噪声污染，保护和改善生活环境，保障人体健康，促进经济和社会发展，制定本法。

第二条　本法所称环境噪声，是指在工业生产、建筑施工、交通运输和社会生活中所产生的干扰周围生活环境的声音。

本法所称环境噪声污染，是指所产生的环境噪声超过国家规定的环境噪声排放标准，并干扰他人正常生活、工作和学习的现象。

第三条　本法适用于中华人民共和国领域内环境噪声污染的防治。

因从事本职生产、经营工作受到噪声危害的防治，不适用本法。

第四条　国务院和地方各级人民政府应当将环境噪声污染防治工作纳入环境保护规划，并采取有利于声环境保护的经济、技术政策和措施。

第五条　地方各级人民政府在制定城乡建设规划时，应当充分考虑建设项目和区域开发、改造所产生的噪声对周围生活环境的影响，统筹规划，合理安排功能区和建设布局，防止或者减轻环境噪声污染。

第六条　国务院生态环境主管部门对全国环境噪声污染防治实施统一监督管理。

县级以上地方人民政府生态环境主管部门对本行政区域内的环境噪声污染防治实施统一监督管理。

各级公安、交通、铁路、民航等主管部门和港务监督机构，根据各自的职责，对交通运输和社会生活噪声污染防治实施监督管理。

第七条　任何单位和个人都有保护声环境的义务，并有权对造成环境噪声污染的单位和个人进行检举和控告。

第八条　国家鼓励、支持环境噪声污染防治的科学研究、技术开发，推广先进的防治技术和普及防治环境噪声污染的科学知识。

第九条　对在环境噪声污染防治方面成绩显著的单位和个人，由人民政府给予奖励。

第二章　环境噪声污染防治的监督管理

第十条　国务院生态环境主管部门分别不同的功能区制定国家声环境质量标准。

县级以上地方人民政府根据国家声环境质量标准，划定本行政区域内各类声环境质量标准的适用区域，并进行管理。

第十一条　国务院生态环境主管部门根据国家声环境质量标准和国家经济、技术条件，制定国家环境噪声排放标准。

第十二条　城市规划部门在确定建设布局时，应当依据国家声环境质量标准和民用建筑隔声设计规范，合理划定建筑物与交通干线的防噪声距离，并提出相应的规划设计要求。

第十三条　新建、改建、扩建的建设项目，必须遵守国家有关建设项目环境保护管理的规定。

建设项目可能产生环境噪声污染的，建设单位必须提出环境影响报告书，规定环境噪声污染的防治措施，并按照国家规定的程序报生态环境主管部门批准。

环境影响报告书中，应当有该建设项目所在地单位和居民的意见。

第十四条　建设项目的环境噪声污染防治设施必须与主体工程同时设计、同时施工、同时投产使用。

建设项目在投入生产或者使用之前，其环境噪声污染防治设施必须按照国家规定的标准和程序进行验收；达不到国家规定要求的，该建设项目不得投入生产或者使用。

第十五条　产生环境噪声污染的企业事业单位，必须保持防治环境噪声污染的设施的正常使用；拆除或者闲置环境噪声污染防治设施的，必须事先报经所在地的县级以上地方人民政府生态环境主管部门批准。

第十六条　产生环境噪声污染的单位，应当采取措施进行治理，并按照国家规定缴纳超标准排污费。

征收的超标准排污费必须用于污染的防治，不得挪作他用。

第十七条　对于在噪声敏感建筑物集中区域内造成严重环境噪声污染的企业事业单位，限期治理。

被限期治理的单位必须按期完成治理任务。限期治理由县级以上人民政府按照国务院规定的权限决定。

对小型企业事业单位的限期治理，可以由县级以上人民政府在国务院规定的权限内授权其生态环境主管部门决定。

第十八条　国家对环境噪声污染严重的落后设备实行淘汰制度。

国务院经济综合主管部门应当会同国务院有关部门公布限期禁止生产、禁止销售、禁止进口的环境噪声污染严重的设备名录。

生产者、销售者或者进口者必须在国务院经济综合主管部门会同国务院有关部门规定的期限内分别停止生产、销售或者进口列入前款规定的名录中的设备。

第十九条　在城市范围内从事生产活动确需排放偶发性强烈噪声的，必须事先向当地公安机关提出申请，经批准后方可进行。当地公安机关应当向社会公告。

第二十条　国务院生态环境主管部门应当建立环境噪声监测制度，制定监测规范，并会同有关部门组织监测网络。

环境噪声监测机构应当按照国务院生态环境主管部门的规定报送环境噪声监测结果。

第二十一条　县级以上人民政府生态环境主管部门和其他环境噪声污染防治工作的监督管理部门、机构，有权依据各自的职责对管辖范围内排放环境噪声的单位进行现场检查。被检查的单位必须如实反映情况，并提供必要的资料。检查部门、机构应当为被检查的单位保守技术秘密和业务秘密。

检查人员进行现场检查，应当出示证件。

第三章　工业噪声污染防治

第二十二条　本法所称工业噪声，是指在工业生产活动中使用固定的设备时产生的干扰周围生活环境的声音。

第二十三条　在城市范围内向周围生活环境排放工业噪声的，应当符合国家规定的工业企业厂界环境噪声排放标准。

第二十四条　在工业生产中因使用固定的设备造成环境噪声污染的工业企业，必须按照国务院生态环境主管部门的规定，向所在地的县级以上地方人民政府生态环境主管部门申报拥有的造成环境噪声污染的设备的种类、数量以及在正常作业条件下所发出的噪声值和防治环境噪声污染的设施情况，并提供防治噪声污染的技术资料。

造成环境噪声污染的设备的种类、数量、噪声值和防治设施有重大改变的，必须及时申报，并采取应有的防治措施。

第二十五条　产生环境噪声污染的工业企业，应当采取有效措施，减轻噪声对周围生活环境的影响。

第二十六条　国务院有关主管部门对可能产生环境噪声污染的工业设备，应当根据声环境保护的要求和国家的经济、技术条件，逐步在依法制定的产品的国家标准、行业标准中规定噪声限值。

前款规定的工业设备运行时发出的噪声值，应当在有关技术文件中予以注明。

第四章　建筑施工噪声污染防治

第二十七条　本法所称建筑施工噪声，是指在建筑施工过程中产生的干扰周围生活环境的声音。

第二十八条　在城市市区范围内向周围生活环境排放建筑施工噪声的，应当符合国家规定的建筑施工场界环境噪声排放标准。

第二十九条　在城市市区范围内，建筑施工过程中使用机械设备，可能产生环境噪声污染的，施工单位必须在工程开工十五日以前向工程所在地县级以上地方人民政府生态环境主管部门申报该工程的项目名称、施工场所和期限、可能产生的环境噪声值以及所采取的环境噪声污染防治措施的情况。

第三十条　在城市市区噪声敏感建筑物集中区域内，禁止夜间进行产生环境噪声污染的建筑施工作业，但抢修、抢险作业和因生产工艺上要求或者特殊需要必须连续作业的除外。

因特殊需要必须连续作业的，必须有县级以上人民政府或者其有关主管部门的证明。

前款规定的夜间作业，必须公告附近居民。

第五章　交通运输噪声污染防治

第三十一条　本法所称交通运输噪声，是指机动车辆、铁路机车、机动船舶、航空器等交通运输工具在运行时所产生的干扰周围生活环境的声音。

第三十二条　禁止制造、销售或者进口超过规定的噪声限值的汽车。

第三十三条　在城市市区范围内行驶的机动车辆的消声器和喇叭必须符合国家规定的要求。机动车辆必须加强维修和保养，保持技术性能良好，防治环境噪声污染。

第三十四条　机动车辆在城市市区范围内行驶，机动船舶在城市市区的内河航道航行，铁路机车驶经或者进入城市市区、疗养区时，必须按照规定使用声响装置。

警车、消防车、工程抢险车、救护车等机动车辆安装、使用警报器，必须符合国务院公安部门的规定；在执行非紧急任务时，禁止使用警报器。

第三十五条　城市人民政府公安机关可以根据本地城市市区区域声环境保护的需要，划定禁止机动车辆行驶和禁止其使用声响装置的路段和时间，并向社会公告。

第三十六条　建设经过已有的噪声敏感建筑物集中区域的高速公路和城市高架、轻轨道路，有可能造成环境噪声污染的，应当设置声屏障或者采取其他有效的控制环境噪声污染的措施。

第三十七条　在已有的城市交通干线的两侧建设噪声敏感建筑物的，建设单位应当按照国家规定间隔一定距离，并采取减轻、避免交通噪声影响的措施。

第三十八条　在车站、铁路编组站、港口、码头、航空港等地指挥作业时使用广播喇叭的，应当控制音量，减轻噪声对周围生活环境的影响。

第三十九条　穿越城市居民区、文教区的铁路，因铁路机车运行造成环境噪声污染的，当地城市人民政府应当组织铁路部门和其他有关部门，制定减轻环境噪声污染的规划。铁路部门和其他有关部门应当按照规划的要求，采取有效措施，减轻环境噪声污染。

第四十条　除起飞、降落或者依法规定的情形以外，民用航空器不得飞越城市市区上空。城市人民政府应当在航空器起飞、降落的净空周围划定限制建设噪声敏感建筑物的区域；在该区域内建设噪声敏感建筑物的，建设单位应当采取减轻、避免航空器运行时产生的噪声影响的措施。民航部门应当采取有效措施，减轻环境噪声污染。

第六章　社会生活噪声污染防治

第四十一条　本法所称社会生活噪声，是指人为活动所产生的除工业噪声、建筑施工噪声和交通运输噪声之外的干扰周围生活环境的声音。

第四十二条　在城市市区噪声敏感建筑物集中区域内，因商业经营活动中使用固定设备造成环境噪声污染的商业企业，必须按照国务院生态环境主管部门的规定，向所在地的县级以上地方人民政府生态环境主管部门申报拥有的造成环境噪声污染的设备的状况和防治环境噪声污染的设施的情况。

第四十三条　新建营业性文化娱乐场所的边界噪声必须符合国家

规定的环境噪声排放标准；不符合国家规定的环境噪声排放标准的，文化行政主管部门不得核发文化经营许可证，市场监督管理部门不得核发营业执照。

经营中的文化娱乐场所，其经营管理者必须采取有效措施，使其边界噪声不超过国家规定的环境噪声排放标准。

第四十四条　禁止在商业经营活动中使用高音广播喇叭或者采用其他发出高噪声的方法招揽顾客。

在商业经营活动中使用空调器、冷却塔等可能产生环境噪声污染的设备、设施的，其经营管理者应当采取措施，使其边界噪声不超过国家规定的环境噪声排放标准。

第四十五条　禁止任何单位、个人在城市市区噪声敏感建筑物集中区域内使用高音广播喇叭。

在城市市区街道、广场、公园等公共场所组织娱乐、集会等活动，使用音响器材可能产生干扰周围生活环境的过大音量的，必须遵守当地公安机关的规定。

第四十六条　使用家用电器、乐器或者进行其他家庭室内娱乐活动时，应当控制音量或者采取其他有效措施，避免对周围居民造成环境噪声污染。

第四十七条　在已竣工交付使用的住宅楼进行室内装修活动，应当限制作业时间，并采取其他有效措施，以减轻、避免对周围居民造成环境噪声污染。

第七章　法律责任

第四十八条　违反本法第十四条的规定，建设项目中需要配套建设的环境噪声污染防治设施没有建成或者没有达到国家规定的要求，擅自投入生产或者使用的，由县级以上生态环境主管部门责令限期改正，并对单位和个人处以罚款；造成重大环境污染或者生态破坏的，责令停止生产或者使用，或者报经有批准权的人民政府批准，责令关闭。

第四十九条　违反本法规定，拒报或者谎报规定的环境噪声排放申报事项的，县级以上地方人民政府生态环境主管部门可以根据不同情节，给予警告或者处以罚款。

第五十条　违反本法第十五条的规定，未经生态环境主管部门批准，擅自拆除或者闲置环境噪声污染防治设施，致使环境噪声排放超过规定标准的，由县级以上地方人民政府生态环境主管部门责令改正，并处罚款。

第五十一条　违反本法第十六条的规定，不按照国家规定缴纳超标准排污费的，县级以上地方人民政府生态环境主管部门可以根据不同情节，给予警告或者处以罚款。

第五十二条　违反本法第十七条的规定，对经限期治理逾期未完成治理任务的企业事业单位，除依照国家规定加收超标准排污费外，可以根据所造成的危害后果处以罚款，或者责令停业、搬迁、关闭。

前款规定的罚款由生态环境主管部门决定。责令停业、搬迁、关闭由县级以上人民政府按照国务院规定的权限决定。

第五十三条　违反本法第十八条的规定，生产、销售、进口禁止生产、销售、进口的设备的，由县级以上人民政府经济综合主管部门责令改正；情节严重的，由县级以上人民政府经济综合主管部门提出意见，报请同级人民政府按照国务院规定的权限责令停业、关闭。

第五十四条　违反本法第十九条的规定，未经当地公安机关批准，进行产生偶发性强烈噪声活动的，由公安机关根据不同情节给予警告或者处以罚款。

第五十五条　排放环境噪声的单位违反本法第二十一条的规定，拒绝生态环境主管部门或者其他依照本法规定行使环境噪声监督管理权的部门、机构现场检查或者在被检查时弄虚作假的，生态环境主管部门或者其他依照本法规定行使环境噪声监督管理权的监督管理部门、机构可以根据不同情节，给予警告或者处以罚款。

第五十六条　建筑施工单位违反本法第三十条第一款的规定，在城市市区噪声敏感建筑物集中区域内，夜间进行禁止进行的产生环境噪声污染的建筑施工作业的，由工程所在地县级以上地方人民政府生态环境主管部门责令改正，可以并处罚款。

第五十七条　违反本法第三十四条的规定，机动车辆不按照规定使用声响装置的，由当地公安机关根据不同情节给予警告或者处以罚款。

机动船舶有前款违法行为的，由港务监督机构根据不同情节给予警告或者处以罚款。

铁路机车有第一款违法行为的，由铁路主管部门对有关责任人员给予行政处分。

第五十八条　违反本法规定，有下列行为之一的，由公安机关给予警告，可以并处罚款：

（一）在城市市区噪声敏感建筑物集中区域内使用高音广播喇叭；

（二）违反当地公安机关的规定，在城市市区街道、广场、公园等公共场所组织娱乐、集会等活动，使用音响器材，产生干扰周围生活环境的过大音量的；

（三）未按本法第四十六条和第四十七条规定采取措施，从家庭室内发出严重干扰周围居民生活的环境噪声的。

第五十九条　违反本法第四十三条第二款、第四十四条第二款的规定，造成环境噪声污染的，由县级以上地方人民政府生态环境主管部门责令改正，可以并处罚款。

第六十条　违反本法第四十四条第一款的规定，造成环境噪声污染的，由公安机关责令改正，可以并处罚款。

省级以上人民政府依法决定由县级以上地方人民政府生态环境主管部门行使前款规定的行政处罚权的，从其决定。

第六十一条　受到环境噪声污染危害的单位和个人，有权要求加害人排除危害；造成损失的，依法赔偿损失。

赔偿责任和赔偿金额的纠纷，可以根据当事人的请求，由生态环境主管部门或者其他环境噪声污染防治工作的监督管理部门、机构调解处理；调解不成的，当事人可以向人民法院起诉。当事人也可以直接向人民法院起诉。

第六十二条　环境噪声污染防治监督管理人员滥用职权、玩忽职守、徇私舞弊的，由其所在单位或者上级主管机关给予行政处分；构成犯罪的，依法追究刑事责任。

第八章　附　　则

第六十三条　本法中下列用语的含义是：

（一）“噪声排放”是指噪声源向周围生活环境辐射噪声。

（二）“噪声敏感建筑物”是指医院、学校、机关、科研单位、住宅等需要保持安静的建筑物。

（三）“噪声敏感建筑物集中区域”是指医疗区、文教科研区和以机关或者居民住宅为主的区域。

（四）“夜间”是指晚二十二点至晨六点之间的期间。

（五）“机动车辆”是指汽车和摩托车。

第六十四条　本法自 1997 年 3 月 1 日起施行。1989 年 9 月 26 日国务院发布的《中华人民共和国环境噪声污染防治条例》同时废止。

附录三

“生态环境保护健康维权普法丛书”支持单位和个人

张国林　北京博大环球创业投资有限公司　董事长

李爱民　中国风险投资有限公司　济南建华投资管理有限公司　合伙人　总经理

杨曦沦　中国科技信息杂志社　社长

汤为人　杭州科润超纤有限公司　董事长

刘景发　广州奇雅丝纺织品有限公司　总经理

赵　蔡　阆中诚舵生态农业发展有限公司　董事长

王　磊　天津昊睿房地产经纪有限公司　总经理

武　力　中国秦文研究会　秘书长

钟红亮　首都医科大学附属北京朝阳医院　神经外科主治医师

李泽君　深圳市九九九国际贸易有限公司　总经理

齐　南　北京蓝海在线营销顾问有限公司　总经理

王九川　北京市京都律师事务所　律师　合伙人

朱永锐　北京市大成律师事务所　律师　高级合伙人

张占良　北京市仁丰律师事务所　律师　主任

王　贺　北京市兆亿律师事务所　律师

陈景秋　《中国知识产权报·专利周刊》 副主编　记者

赵胜彪　北京君好法律咨询有限公司　执行董事 / 总法律顾问

赵培琳　北京易子微科技有限公司　创始人

附录四

“生态环境保护健康维权普法丛书”宣讲团队

北京君好法律顾问团，简称君好顾问团，北京君好法律咨询有限责任公司组织协调，成员包括中国政法大学、北京大学、清华大学的部分专家学者，多家律师事务所的律师，企业法律顾问等专业人士。顾问团成员各有所长，有的擅长理论教学、专家论证；有的熟悉实务操作、代理案件；有的专职于非诉讼业务，做庭外顾问；有的从事法律风险管理，防患于未然。顾问团成员也参与普法宣传等社会公益活动。

一、顾问团主要业务

1. 专家论证会

组织、协调、聘请相关领域的法学专家、学者，针对行政、经济、民商、刑事方面的理论和实务问题，举办专家论证会，形成专家论证意见，帮助客户解决疑难法律问题。

2. 法律风险管理

针对客户经营过程中可能或已经产生的不利法律后果，从管理的角度提出建议和解决方案，避免或减少行政、经济、民商甚至刑事方面不利法律后果的发生。

3. 企业法律文化培训

企业法律文化是指与企业经营管理活动相关的法律意识、法律思维、行为模式、企业内部组织、管理制度等法律文化要素的总和。通过讲座等方式学习企业法律文化，有利于企业的健康有序发展。

4. 投资融资服务

针对客户的投融资需求，协调促成投融资合作，包括债权股权投融资，为债权股权投融资项目提供相关服务和延伸支持等。

5. 形象宣传

通过公益活动、知识竞赛、举办普法讲座等方式，向受众传送客户的文化、理念、外部形象、内在实力等信息，进一步提高社会影响力，扩大产品或服务的知名度。

6. 市场推广

市场推广是指为扩大客户产品、服务的市场份额，提高产品的销量和知名度，将有关产品或服务的信息传递给目标客户，促使目标客户的购买动机转化为实际交易行为而采取的一系列措施，如举办与产品相关的普法讲座、组织品鉴会等。

7. 其他相关业务

二、顾问团部分成员简介

王灿发：联合国环境署－中国政法大学环境法研究基地主任，国家生态环境保护专家委员会委员，生态环境保护部法律顾问。有“中国环境科学学会优秀科技工作者”的殊荣。现为中国政法大学教授，博士生导师，中国政法大学环境资源法研究和服务中心主任，北京环助律师事务所律师。

孙毅：高级律师，北京市公衡律师事务所名誉主任，擅长刑事辩护、公司法律、民事诉讼等业务。

朱永锐：北京市大成律师事务所高级合伙人，主要从事涉外法律业务。业务领域包括国际投融资、国际商务、企业并购、国际金融、知识产权、国际商务诉讼与仲裁、金融与公司犯罪。

崔师振：北京卓海律师事务所合伙人，北京律师协会风险投资和私募股权专业委员会委员，擅长企业股权架构设计和连锁企业法律服务，包括合伙人股权架构设计、员工股权激励方案设计和企业股权融资法律风险防范。

侯登华：北京科技大学文法学院法律系主任、教授、硕士研究生导师、法学博士、律师，主要研究领域是仲裁法学、诉讼法学、劳动法学。

陈健：中国政法大学民商经济法学院知识产权教研室副教授、法学博士。北京仲裁委员会仲裁员、英国皇家御准仲裁员协会会员。研究领域：民法、知识产权法、电子商务法。

李冰：女，北京市维泰律师事务所律师，擅长婚姻家庭纠纷，经济纠纷及公司等业务。

袁海英：河北大学政法学院副教授、硕士研究生导师，河北省知识产权研究会秘书长，主要从事知识产权法、国际经济法教学科研工作。

汤海清：哈尔滨师范大学法学院副教授、法学博士，北京大成（哈尔滨）律师事务所兼职律师，主要从事宪法与行政法、刑法的教学工作。

徐玉环：女，北京市公衡律师事务所律师，主要从事公司法律事务。业务领域包括建设工程相关法律事务、民事诉讼与仲裁。

张雁春：北京市公衡律师事务所律师，主要从事公司法律事务，擅长公司诉讼及非诉案件。

张占良：民商法学硕士，律师，北京市仁丰律师事务所主任，北京市物权法研究会理事。主要办理外商投资、企业收购兼并、房地产法律业务。

赵胜彪：法学学士，北京君好法律咨询有限公司执行董事 / 总法律顾问，君好法律顾问团、君好投融资顾问团协调人/主任，中国科技信息杂志法律顾问。主要从事企业经营过程中法律风险管理的实务、培训及研究工作。

三、顾问团联系方式：

办公地址：北京市朝阳区东土城路 6 号金泰腾达写字楼 B 座 507

联系方式：13501362256（微信号）

lawyersbz@163.com（邮箱）